纳米载药体系构建

Construction of Nano Drug Delivery System

管庆霞 李秀岩 白宇 主编

·北京·

内容简介

本书采用化学合成的方法，构建粒径大小适宜、稳定分散的纳米有机金属框架载体，并将抗肿瘤代表性药物5-FU载入载体中；优化载药条件，提高载药量；初步探索载药后的释放规律、载体的细胞毒性和细胞摄取性，为中药多成分载入研究提供一种新的思路。

本书旨在通过构建纳米有机金属框架Cu-BTC载药系统，探索将有机金属框架粒径变为纳米尺度的规律；初步考察其药物释放、细胞毒性和细胞摄取性，为性能更优良、毒性更低的其他金属制成的纳米有机金属框架的合成奠定良好的基础。

图书在版编目（CIP）数据

纳米载药体系构建 / 管庆霞，李秀岩，白宇主编. —北京：化学工业出版社，2023.8

ISBN 978-7-122-44590-2

Ⅰ.①纳… Ⅱ.①管… ②李… ③白… Ⅲ.①纳米材料-药物-载体-研究 Ⅳ.① TQ460.6

中国国家版本馆CIP数据核字（2023）第223485号

责任编辑：张　蕾
责任校对：刘曦阳　　　　　　　　装帧设计：史利平

出版发行：化学工业出版社
　　　　　（北京市东城区青年湖南街13号　邮政编码100011）
印　　装：北京天宇星印刷厂
710mm×1000mm　1/16　印张10½　字数189千字
2025年5月北京第1版第1次印刷

购书咨询：010-64518888　　　　　售后服务：010-64518899
网　　址：http://www.cip.com.cn
凡购买本书，如有缺损质量问题，本社销售中心负责调换。

定　　价：88.00元　　　　　　　　　　　版权所有　违者必究

编写人员名单

主　编　管庆霞　李秀岩　白　宇
副主编　张伟兵　张　悦
编　者　管庆霞（黑龙江中医药大学）
　　　　　李秀岩（黑龙江中医药大学）
　　　　　白　宇（黑龙江中医药大学）
　　　　　张伟兵（海南医科大学第二附属医院）
　　　　　张　悦（聊城市第三人民医院）
　　　　　张　雪（长春中医药大学附属医院）
　　　　　张国帅（黑龙江省中医药科学院）
　　　　　罗煜婷（黑龙江中医药大学）

前言

癌症是由于控制细胞周期的基因发生突变，遗传不稳定性累积形成，导致局部组织的细胞克隆性异常增生而形成的新生物。目前的治疗方法对癌症患者的身体有较强的不良反应，并且在转移发生后难以治愈。因此，研究新型的治疗手段，提高癌症的治疗水平，找到一种既能彻底消除癌细胞，又不伤害人体正常组织细胞的治疗方法是亟待解决的问题。目前正在研究开发的蛋白质组学、基因组学及纳米技术为研究开发新型高效的癌症治疗途径，实现早期癌症的快速检测提供了理论和技术方面的支持。

纳米技术是 21 世纪开发的新技术。纳米药物传递系统是以纳米技术为基础，为现代给药系统研究提供了新途径。与常规生物医用材料相比，纳米材料具有很多方面的优势。例如：纳米材料能够穿过组织间隙并被细胞吸收；具有能够通过毛细血管甚至穿透血脑屏障的特性；纳米材料还具有和其他生物大分子较为匹配的尺寸，在人体内环境中，可以较为自由地"穿梭"。这使得纳米材料能够与组织细胞发生相互作用，产生许多特殊的效果。目前，纳米材料的这些性质在生物医学领域得到了充分的发挥。生物分子信号检测、荧光成像、生物传感器、药物靶向运输等领域都可以见到纳米科技及纳米材料的身影，从而推动了纳米材料在生物医药领域更加广泛的应用。

20 世纪 90 年代，金属有机骨架迅速兴起，成为一类新型的纳米结构的多孔材料。它的诞生得到了多个学科研究者的高度重视并迅速发展，成为跨学科的研究热点之一。金属有机骨架具有孔道排列有序、孔径大小均匀、孔径范围可在 2～50nm 内调节等特性。金属有机骨架虽然还没得到大规模的工业应用，但其在生物材料等多个方面有巨大的应用潜力。

金属有机骨架（MOFs）是有机-无机混合体，由金属离子和有机配体在温和的条件下生成并应用于多种领域，如催化、气体吸附、气体储藏等。与其他有机多孔材料（如碳）和无机材料相比，MOFs 有如下特点。第一，高度的可调节性，金属有机骨架是混合型多孔材料的一种，其孔径、表面积、性状均可根据载入药物的需要进行调节。第二，组成金属有机骨架的组分可根据需要调节，使其毒性在人体可接受范围内，并达到稳定载体的作用。由于 MOFs 的表面可接上活性官能团，使其更容易进行表面修饰。第三，载入的药物可通过引入功能性的组分或改变主体的柔韧性达到控制其释放的效果。第四，MOFs 可以通过引入特殊稳定性的物质达到靶向的目的。MOFs 的这些优良特性将使其成为药物传递系统中的优良载体。

将金属有机骨架的粒径变为纳米尺度即纳米金属有机骨架（NMOFs），是集纳米材料和介孔材料优势于一身的新型纳米载体平台。由于其具有结构多样性、合成条件温和、载药量大等多种特性，NMOFs 在生物医药领域已经显示出巨大的应用潜力。未来许多对比剂和药物将被载入到 NMOFs 中，特别是其在同一 NMOFs 载体中可同时实现成像和药物治疗作用。但是，NMOFs 还需要进一步研究并改善其生物相容性、组织特异性，实现更有效的表面功能化，确保有效的作用时间。

本研究目的是采用化学合成的方法，构建出粒径大小适宜、稳定分散的纳米金属有机骨架载体；并将抗肿瘤代表性药物 5-FU 载入载体中；优化载药条件，提高载药量；初步探索载药后的释放规律、载体的细胞毒性和细胞摄取性，为中药多成分载入的研究提供一种新的思路。

本研究的意义在于通过构建纳米金属有机骨架 Cu-BTC 载药系统，探索将金属有机骨架粒径变为纳米尺度的规律；初步考察其药物释放、细胞毒性和细胞摄取性，为性能更优良、毒性更低的其他金属制成的纳米金属有机骨架的合成奠定良好的基础。

编者

2023 年 1 月

目录

第1篇 概 述

第1章 研究现状 ········· 2
  1.1 抗肿瘤递药系统研究状况 ········· 2
  1.2 金属有机骨架（MOFs） ········· 5
  1.3 NMOFs 的合成方法及在医药方面的应用进展 ········· 8
  1.4 模型药物的选择 ········· 10
  1.5 纳米递药载体的研究现状 ········· 11
  1.6 GA 的研究现状 ········· 12
  1.7 纳米胶束的研究进展 ········· 13
  1.8 PLGA 纳米粒的研究进展 ········· 15

第2章 纳米金属有机骨架 Cu-BTC 载体的制备和表征 ········· 20
  2.1 Cu-BTC 载体制备工艺考察 ········· 20
  2.2 纳米金属有机骨架 Cu-BTC 的表征 ········· 24
  2.3 溶血性评价 ········· 25
  2.4 结果与讨论 ········· 25
  2.5 小结 ········· 31

第3章 载药纳米金属有机骨架的制备 ········· 33
  3.1 5-FU 体外分析方法的建立 ········· 33
  3.2 载药金属有机骨架冻干工艺的研究 ········· 36
  3.3 结果和讨论 ········· 37
  3.4 小结 ········· 40

第4章 5-FU-Cu-BTC 表征及体外释放动力学研究 ········· 41
  4.1 测定方法 ········· 41
  4.2 5-FU-Cu-BTC 体外释放的研究 ········· 42
  4.3 结果 ········· 44
  4.4 小结 ········· 47

第5章 5-FU-Cu-BTC 细胞毒性和细胞摄取的研究 ········· 48
  5.1 载药金属有机骨架体外细胞毒性的研究 ········· 48

5.2　载药荧光金属有机骨架的制备 ························· 50
5.3　结果和讨论 ··································· 51
5.4　小结 ······································ 53

第 2 篇　中药纳米递药系统

第 6 章　概述 ····································· 56
  6.1　中药纳米递药系统研究现状 ························· 56
  6.2　mPEG-PLGA 嵌段共聚物纳米递药系统研究现状 ············· 59
  6.3　抗乙型肝炎中药的研究进展 ························ 63
  6.4　模型药物研究 ································ 68

第 7 章　SH 双载药纳米粒的工艺与处方优化 ···················· 74
  7.1　试剂与仪器 ·································· 74
  7.2　方法的建立 ·································· 74
  7.3　包封率的测定 ································ 77
  7.4　SH 双载药纳米粒的工艺优化 ······················· 79
  7.5　SH 双载药纳米粒的处方优化 ······················· 83
  7.6　SH 双载药纳米粒冷冻干燥研究 ······················ 88

第 8 章　SH 双载药纳米粒特性研究 ························· 91
  8.1　试剂与仪器 ·································· 91
  8.2　研究方法 ··································· 91
  8.3　讨论与小结 ·································· 96

第 9 章　SH 双载药纳米粒大鼠体内药动学研究 ··················· 98
  9.1　生物样品中 SH 分析方法的建立 ······················ 98
  9.2　大鼠体内药动学研究 ···························· 102

第 10 章　SH 双载药纳米粒靶向性研究 ······················ 104
  10.1　生物样品中 SH 分析方法的建立 ····················· 104
  10.2　小鼠体内分布研究 ···························· 107
  10.3　基于 FIVE 技术的肝靶向性研究 ····················· 109

第 11 章　SH 双载药纳米粒的细胞毒性研究 ···················· 113
  11.1　材料与细胞 ································· 113
  11.2　实验方法 ·································· 113
  11.3　数据统计 ·································· 115

11.4	实验结果	116
11.5	讨论与小结	117

第 12 章　SH 双载药纳米粒细胞摄取的研究 ·············118
- 12.1　材料与细胞 ·············118
- 12.2　实验方法 ·············118
- 12.3　实验结果 ·············120
- 12.4　讨论与小结 ·············122

第 13 章　SH 双载药纳米粒抗乙型肝炎药效学实验研究 ·············123
- 13.1　D-GalN 急性肝损伤保护作用研究 ·············123
- 13.2　对 HepG2.2.15 细胞中 HBsAg、HBeAg 的抑制作用研究 ·············127

第 3 篇　马钱子碱的研究与应用

第 14 章　马钱子碱的性质及作用 ·············130
- 14.1　马钱子碱的来源及性状 ·············130
- 14.2　马钱子碱的化学结构和理化性质 ·············130
- 14.3　药理作用 ·············130
- 14.4　马钱子碱的药动学研究 ·············131

第 15 章　B-GPSG 纳米胶束的制备工艺与处方优化 ·············132
- 15.1　试剂与仪器 ·············132
- 15.2　B-GPSG 纳米胶束 HPLC 分析方法的建立 ·············132
- 15.3　包封率测定方法的建立 ·············134
- 15.4　讨论 ·············136

第 16 章　B-GPSG 纳米胶束体内靶向性评价 ·············138
- 16.1　材料与动物 ·············138
- 16.2　体内组织分布研究 ·············138
- 16.3　小动物活体成像研究 ·············144
- 16.4　讨论与小结 ·············145

第 17 章　B-GPSG 纳米胶束的体外抗肿瘤活性研究 ·············146
- 17.1　试剂与仪器 ·············146
- 17.2　研究方法 ·············146
- 17.3　讨论与小结 ·············153

参考文献 ·············154

第1篇

概 述

第1章

研究现状

1.1 抗肿瘤递药系统研究状况

癌症是威胁人类健康的杀手之一。目前癌症的常规治疗手段为外科手术、放射治疗和化学治疗等。大多数抗肿瘤药物由于选择性较低,也会杀伤正常的组织。纳米载体在药物传递系统中的研究和应用,为疾病预防、诊断和治疗提供了新的途径。纳米载体可将载入的药物或靶向基因传输到人体中不同的部位,使到达治疗部位的药物有效浓度增加,提高细胞摄取率和药物穿透细胞膜的能力,降低不良反应的发生率。抗肿瘤药物传递系统目前按作用机制分为三类:基于EPR效应的被动纳米靶向传输系统、主动靶向传输系统和智能纳米载体的靶向传输系统。

1.1.1 基于EPR效应的被动纳米靶向传输系统

EPR效应(enhanced permeability and retention effect,高通透性和滞留效应)是近年来药物研究领域和肿瘤化疗领域取得的重大研究成果。EPR效应指当组织血管内壁受到快速生长的肿瘤细胞的破坏后,其渗透性会比正常组织强,从而选择性地允许药物进入并保留在肿瘤组织的附近,起到靶向分布作用。当粒径在10~500nm的纳米载药载体进入肿瘤组织后,受损的淋巴循环系统对其没有滤过作用,使其在肿瘤附近被保留,并缓慢释放药物,提高靶向性能。基于EPR效应的被动纳米靶向传输系统目前已经成为抗肿瘤药物研究设计的一种有效手段。在设计时需要考虑下面几个影响因素。

① 分子量对EPR效应的影响:由于大多数小分子药物在体内通过肾脏迅速消除。因此,要实现EPR效应的重要条件是使药物保留在循环系统中不被肾脏快速消除,即分子量或粒径大于肾脏消除的阈值。故只有分子量超过70kDa或粒径大于4nm的微粒才能表现出在肿瘤组织中的选择性积累和肿瘤靶向性能。

② 粒径对 EPR 效应的影响：纳米载药系统药物的粒径在 50～200nm 之间与分子量大于 70kDa 的药物相似，可通过 EPR 效应，实现药物在肿瘤组织的蓄积和靶向的性能。

③ 表面电荷对 EPR 效应的影响：表面电荷对其在体内的代谢和靶向作用有重要的影响。一般情况下，当药物带有一定的正电荷时，进入体内后，很快被体内的网状内皮系统（reticulo-endothelial system，RES 系统）吞噬，主要聚集在肝脏；带负电荷的药物主要积累在肺部，即靶向分布于肝或肺。如果需要靶向其他部位时，则需避开网状内皮系统的吞噬，延长循环时间。研究表明，药物表面电荷呈中性，并且在药物的周围形成一定程度的水化层时，可有效避免被肝脏或肺部快速消除。

④ 其他因素：研究表明，形状对微粒在体内的行为产生很大的影响，如 Geng 等在考察不同形状聚合物胶束的循环时间时发现，长丝状胶束在体内的循环时间长达 7 天，是球状胶束的 10 倍，并且优于经典的纳米粒；短丝状纳米管（粒径<2nm）很快被肾脏清除，循环时间不足 3h。此外，PEG 修饰所带来的表面水化层会在一定程度上阻碍药物与肿瘤细胞间的相互作用，导致 PEG 化大分子比非 PEG 化大分子具有更慢的肿瘤细胞摄取特征。

EPR 效应近年来越来越多地用于靶向药物传递和药物设计。如 1979 年，Maeda 等首先报道了用苯乙烯马来酸共聚物（SMA）改性的抗癌蛋白新抑癌素（NCS），得到了具有抗肿瘤作用的药物 SMANCS。SMANCS 有良好的生物相容性，能更好地在肿瘤组织蓄积，其在血浆中的半衰期比未修饰的 NCS 提高了 200 倍。SMANCS 是第一个基于 EPR 效应机制实现的肿瘤靶向高分子抗肿瘤药物，于 1993 年批准用于肝细胞癌的治疗。基于 EPR 效应的被动纳米靶向传输系统将水溶性的高分子材料与具有药理活性的蛋白、多肽或核苷类药物通过化学或物理结合，制备具有药理活性的高分子药物。通过 EPR 效应增加肿瘤的靶向性能为此领域研究另一个热点。如 DE-310 是喜树碱类似物 DX-8951 与羧甲基葡聚糖通过化学结合制备的高分子药物，其含量为 8%，在葡萄糖单元上的取代度为 0.3～0.4。临床前研究表明，DX-8951 可以实现在肿瘤中的被动聚集，并可以在肿瘤中释放出游离药物 DX-8951，明显延长生存期。

EPR 效应是发生在肿瘤组织独特的、典型的现象。EPR 效应受到许多因素的影响。在靶向药物设计领域中，EPR 效应机制的发现意义重大，有广阔的发展前景。目前有多个基于 EPR 效应原理设计、开发的大分子药物成功应用于临床，还有更多的药物处于临床研究中。

1.1.2 主动靶向传输系统

1.1.2.1 受体介导的主动靶向传输系统

许多特异性受体存在于人体组织的细胞膜表面，特别是某些特定组织或肿瘤细胞膜表面上往往高表达某种受体。如 T 淋巴细胞和脑部边缘结构可分别高表达白介素受体和甘丙肽受体，乳腺癌、神经胶质瘤等恶性肿瘤组织可分别高表达生物素受体、白喉毒素受体等。以受体介导的主动靶向载体可递送药物至特定的器官、组织或细胞中，使治疗药物达到增效减毒的功效。目前研究较多的作为主动靶向载体作用靶点的受体主要有半乳糖受体、叶酸受体、转铁蛋白受体等。近年来，亦有报道兆蛋白受体、甘丙肽受体和一些肽段受体介导其特异性配体的细胞内吞和靶向的研究。

1.1.2.2 配体修饰的主动靶向传输系统

配体修饰的主动靶向传输系统是肿瘤细胞主动靶向的一个重要方法。配体-受体靶向药物可分为两大类：一类是药物以配体（内源性分子或其模拟物）作为载体，通过相应受体转运到细胞内，在细胞内发挥治疗作用；另一类药物不需要载体，直接通过抑制配体或受体的生物学活性，从而达到治疗目的。目前研究较多集中在前一类，即通过在纳米颗粒表面进行配体修饰，从而达到相应的高表达受体细胞三级靶向作用。常用的配体包括多肽/蛋白质、维生素和糖类化合物。多肽/蛋白质配体包括转铁蛋白、RGD 多肽、亲合体等；维生素类配体常见的有叶酸、维生素 A、维生素 B_1 等；糖类化合物包括半乳糖、甘露糖、透明质酸（IIA）等。

1.1.3 智能纳米载体的靶向传输系统

智能纳米载体或刺激响应型纳米载体，是具有巨大发展潜力的一类新型药物载体，能满足特定的释放要求，被人体内生物信号如 pH、温度、氧化还原电位等信号激发释放药物或基因片段到达特定的部位。此外，还有一些可通过外界刺激信号（如磁场、光、声）的激发靶向释放药物和基因片段。常见的刺激响应型纳米载体包括氧化还原刺激响应型纳米粒、氧化还原刺激响应型脂质体、温度敏感型纳米载体、pH 敏感型纳米载体、光敏型纳米载体、磁场响应型纳米载体等。近年来，为更好发挥各种环境响应型载体的优势并弥补不足，实现在一种载体上同时满足不同需求的目的，研究能同时对多种环境刺激进行响应，即同时对两种或两种以上外界刺激产出响应的多重刺激响应型纳米药物传递系统，如温度/pH 双重响应型纳米载体。与单一响应型纳米载体相比，多重刺激响应型智能材料可以通过对不同外界环境刺激敏感纳米材料进行合理的选择、修饰、整合、设计和制备出性能优良的载体，提高药物在靶组织或靶细胞的浓度，为药物靶向递送系统的研究提供新思路和新方法。

1.2 金属有机骨架（MOFs）

1.2.1 MOFs的研究发展历史

MOFs是20世纪90年代发展的新型多孔材料。它是由金属离子和有机配体发生配位反应生成的，由于其结构中有无限延伸的空旷骨架结构，所以合成后，其孔道中常包含有小分子的溶剂分子。将这些小分子的溶剂分子通过高温等方式移除后，就得到了具有多孔结构的有机多孔材料。此材料有三个独特的特点：第一，刚性结构骨架；第二，有机配体可根据目标要求进行化学修饰；第三，MOFs的骨架结构具有独特的空间几何构型。

1995年，美国化学家Yaghi研究组选用钴与均苯三甲酸为反应原料制备了二维化合物$CO_3(BTC)_2 \cdot 12H_2O$，由于π—π键或氢键的相互作用此骨架具有三维骨架结构的特殊性质，这种由金属和有机配体构筑的多孔材料被Yaghi称为金属-有机骨架材料，这时MOFs概念才第一次被提出。从此，MOFs材料所具有的比表面积高、热稳定性好等性能逐渐地被发现并飞速发展。

1999年，*Seience*杂志上报道了一个非常经典的MOFs材料$[(Cu_3(BTC)_2(H_2O)_3]_n$（HKUST-1），它是由Williams研究组通过硝酸铜与均苯三甲酸在H_2O与EtOH比例为1∶1，反应温度为180℃下反应12小时制备的，比表面积为692.2m^2/g，孔体积为0.333cm^3/g，它是由轮桨式（Paddle-wheel）次级结构单元$[Cu_2(O_2CR)_4]$组成的空间三维网络结构，具有9×9Å正方形孔道，热稳定性高，240℃也不会分解，150℃真空干燥可去除孔道中的自由水和结合水，露出配位不饱和金属活性中心，可以进行骨架的功能化修饰。

同年，Yaghi研究组用硝酸锌与对苯二甲酸反应，合成了孔径为1.294nm，比表面积为2900cm^2/g的MOF-5（也称IRMOF-l），它是由四个Zn^{2+}和一个O^{2-}形成的$[Zn_4O]^{6+}$与$[O^2C-C^6O^4-CO^2]^{2-}$形成三维结构的立方晶体，这是MOF-n中最典型的材料之一，它具有热稳定性好（>300℃）、比表面积高、孔容积大、孔道规则、储氢能力好等特性，这种材料是MOFs材料发展的一个重要里程碑。

上述有机金属框架能够装载药物，但有些药物分子的应用途径需要严格控制粒径的大小，如注射剂要求粒径在200nm以下，这样能避免固体药物在体内的聚集，使其在液体环境中能稳定存在，因此将 MOFs 的粒径降低到纳米范围是其在药物传递系统中应用的重大挑战。

Lin 等研究 MIL-101（Fe）的载药和释放药物情况。这也是第一个纳米有机金属框架的报道，将其修饰上荧光因子和抗癌因子。纳米 MIL-101（Fe）是一个直径 200nm 的正八面体，孔径大，比表面积为 3700～4535m^2/g。MIL-101 的氨基官能团通过 2-氨基对苯二甲酸合成，用共价氨将氟硼吡咯荧光团接到 NMOFs 上，载药量为 11%。共聚焦显微镜下观察载有氟硼吡咯的 HT-29 细胞有荧光信号，表明粒子能够透过细胞膜释放荧光药物。

铂前体药物（ESCP）接到 MIL-101 的氨基上，载药量为 12.8%。接着用 c（RGDfk）修饰涂有 SiO$_2$ 的粒子，发现作用于 HT-29 细胞时，与顺铂具有相似的细胞毒性（粒子：IC$_{50}$=21μmol/L；顺铂：IC$_{50}$=20μmol/L；仅涂硅胶 IC$_{50}$=29μmol/L）。通过 MIL-101 接上光学成像因子（荧光团）和顺铂这一方法可以实时监控抗癌药物的疗效，为 MOFs 提供了潜在的应用平台。

1.2.2　MOFs 的结构特点

（1）多孔性　MOFs 具有永久性的孔隙，孔隙直径范围在 3.8～28.8Å，较小孔直径如 Cu$_2$（PZDC）$_2$（DPYG）与典型沸石的直径相当，大孔直径代表性的如 Zn$_4$O（TPDC）$_3$ 在羧酸作配体合成的一系列 MOFs 中还有两个或两个以上的羧基，所以配位的方式很复杂。

（2）高比表面积　多孔材料领域突出的挑战之一是在催化剂、分离气体和气体储存等方面设计和合成有高比表面积的物质。Yaghi 等设计并合成了由金属与多齿型羧酸有机物配合而成新的有机金属框架，比表面积为 3000m^2/g。Yaghi 等在原基础上合成了 Zn$_4$O(BTB)$_2$(MOF-177)，比表面积达 4500m^2/g，有超大空隙。

（3）具有不饱和金属配位　有机金属框架在合成过程中为满足其配位数的要求还会结合一些溶剂分子，如水、乙醇、甲醇、二甲基甲酰胺（DMF）等。此外，这些溶剂分子有时还会以弱的相互作用如氢键等形式与有机配体结合，这些小分子溶剂经加热移除后使有机金属框架具有一定活性。

（4）结构的多样性　不同的金属离子和不同的有机配体发生配位反应可得到不同结构的有机金属框架。相同的金属离子和不同的配位数发生反应后也会产生不同的结构，故有机金属框架的结构是多种多样的。

MOFs 的这些特性和优点使其在气体的吸附和分离、多相不对称催化、荧光、磁性、光活性纳米药物的传输、生物医学成像等很多方面具有潜在应用价值，已经成为多种研究领域的热点方向之一。

1.2.3 MOFs载药机制及其作为药物载体的优势

1.2.3.1 MOFs载药机制探讨

药物在MOFs的储存和释放的能力是由载体材料的结构性状决定的，具体包括如下几个方面。

（1）孔径　MOFs作为药物载体所面临的一个重要问题是：怎样将药物包裹在MOFs的模型中。通常这个过程是将其浸泡在高浓度的药物溶液中并随后干燥。因此，这个过程主要与MOFs的孔径和可吸附性有关，而MOFs的吸附性是由药物分子的粒径决定的。当MOFs的孔径比药物分子略大时（即孔径/药物分子比率＞1），可使药物分子吸附在孔里面。此外，还可以根据客体结构（即药物的分子结构）调整介孔模型的结构使其更适于载入，如通过改变表面活性剂链的长度、引入直链聚合物结构或在微粒中加入增溶剂等方法使MOFs的孔径范围从1.5nm调整到几十纳米。

（2）表面积　药物载药过程主要是由MOFs的吸附性决定的。表面积是吸附药物总量的决定性因素。因为表面积大的模型利于容纳大量药物并可选择性的包裹高剂量或低剂量的药物。具体过程包括增加或降低表面积和进行表面修饰来改变药物的亲和性。孔径足够大的MOFs，表面积越大吸收的药物才会越多，即最终的药物含量与表面积S_{BET}相关。

（3）孔体积　表面积和孔径是药物释放体系中的重要因素。此外，有机金属框架最外层孔的表面积也是载药的关键。由于药物和药物间弱的相互作用会导致载药量过少或孔堵塞，因此孔体积也是决定吸附药物总量的关键因素。

其他影响载药的因素包括孔的形态、孔与孔之间的连接性和客体的亲和性等。其他传统的多孔型载体材料如硅和聚合物材料载药能力通常不是很高且包封的药物很难释放，而MOFs因为有大体积的孔和规则的结构可达到高载药量和可控的释药方式，被认为是理想的载体。

1.2.3.2 MOFs载药系统的优势

MOFs是有机-无机混合体，它是由金属离子和有机配体在相对温和的条件下生成的。与其他有机多孔材料和无机材料相比，MOFs有如下特点：第一，高度的可调节性，MOFs是混合型多孔材料的一种，其孔径、表面积、性状均可根据载入药物的需要进行调节。第二，组成MOFs的组分可根据需要进行调节，使其毒性在人体可接受范围内，并达到稳定载体的作用。由于MOFs的表面可接上活性官能团，使其更容易进行表面修饰。第三，载入的药物可通过引入功能性的组分或改变主体的柔韧性达到控制其释放的效果。第四，MOFs 可以通过引入特殊稳定性的物质达到靶向的目的。MOFs 的这些优良特性使其成为药物传递系统中的优良载体。将 MOFs 通过改变合成途径制成 NMOFs 后可使其兼有纳米载体的优势，如可提高药物的靶向性和生物利用度、增加药物的稳定性、提高疗效、降低不良反应等，也可使药物进入人体各级微管道和病变组织细胞内起到治疗作用。

1.3 NMOFs 的合成方法及在医药方面的应用进展

1.3.1 NMOFs 的合成方法

NMOFs 合成方法按合成途径分为四种：共沉淀法、溶剂热法、反相微乳液和模板表面活性剂-溶剂热法。第一种方法生成的 NMOFs 为无定形状态，后三种为晶体状态。前两种方法无需表面活性剂参与，后两种需要表面活性剂参与合成并控制粒子的稳定。每种合成方法介绍如下。

（1）共沉淀法　共沉淀法是经典的合成方法，其原理就是利用前体溶液室温下共同混合后，生成 NMOFs，分离既得。例如抗癌药顺铂的前体药物 c, c, t-Pt(NH$_3$)$_2$Cl$_2$(succinate)$_2$(DSCP) 和 Tb^{3+} 的合成，即用氢氧化钠溶液将 TbCl$_3$ 和 [NMeH$_3$]$_2$DSCP 的水溶液 pH 调到 5.5 后，快速加入甲醇，使 NMOFs 瞬间形成并以无定形状态沉淀析出。

（2）溶剂热法　溶剂热法是用传统的加热和微波的方法合成的，在此合成方法中，温度和加热速度对粒子的成型起到重要的作用。例如 Fe$_3$(μ_3-O)Cl(H$_2$O)(BDC)$_3$ 的合成是在微波加热条件下，将 FeCl$_3$ 和对苯二甲酸（BDC）等摩尔溶剂加热得到的。用此法得出的 NMOFs 呈八面体形，平均粒径为 200nm。

（3）反相微乳法　表面活性剂参与 NMOFs 的合成，合成条件可以是室温或高温。反相微乳法就是在室温条件下，在非极性溶液中，用表面活性剂来稳定水溶性的 NMOFs，并控制晶型的生长。如 Gd(BDC)$_{1.5}$(H$_2$O)$_2$ 纳米棒的合成，就是用 GdCl$_3$ 形成的微乳和 [NMeH$_3$]$_2$[BDC] 形成的微乳混合并反应生成的。纳米粒子的形态可通过调节 W 值（水与表面活性剂的摩尔比值）来控制，当 W 值为 10 时，可合成长度为 1~2μm、直径为 100nm 的纳米棒。当 W 值降到 5 时，纳米棒的长度变为 100~125nm，直径为 40nm。用此法还可以合成 Gd(BTC)(H$_2$O)$_3$(BTC=1,2,4-三羧基苯)纳米板，其直径约为 100nm，厚度约为 35nm。

（4）模板表面活性剂 - 溶剂热法　表面活性剂也可在溶剂热条件下作为模板来合成 NMOFs，合成过程中包裹在 NMOFs 周围并对粒子的成型性发挥重要的作用。例如包含 Gd-BHC（BHC= 六甲酸苯）的 NMOFs 的合成就是用模板表面活性剂溶剂热法制备的，将 $GdCl_3$ 微乳和［$NMeH_2$］$_6$［BHC］微乳放入反应器中，于 120℃加热。得到 Gd_2（BHC）（H_2O）$_6$ 为 $25×50×100nm^3$ 的板状纳米粒，其组成和形态与体系的 pH 有直接的关系。

上述四种方法已被用于合成大量的有机金属框架，可通过调节 NMOFs 的前体、反应溶剂、pH、温度、表面活性剂种类、W 值或其他参数来控制反应粒子的组成和形态。

1.3.2　NMOFs 在医药方面的应用进展

NMOFs 是一类由多齿桥连配体和金属连接点自组装形成的纳米级混合材料，因其具有规则而均匀的孔道结构，已被应用于多个领域，包括地下储气罐、催化、非线性光学、分离、检测、聚光等。由于 NMOFs 表面积和孔径较大，已应用于装载和控释多种药物分子。

（1）磁共振成像（MRI）技术　核磁共振成像（MRI）是一种非侵害性的成像技术，利用人体组织中的氢原子核（质子）在磁场中受到射频脉冲的激励而发生核磁共振现象，产生磁共振信号。Lin 研究组首先证明了含有 Gd^{3+} 的 NMOFs 可以作为 T1 加权对比剂。

（2）光学成像技术　光学成像技术已被广泛应用于生物学研究。通常情况下，可见光用于激发组织内的染色分子，在较长的波长下发出荧光。许多 NMOFs 本身是发光的，但不能作为生物医学显像剂。由于其吸收率和量子产率低，这些 NMOFs 在生物医学成像应用还很不理想。Lin 研究组创造了含有磷光的 Ru(bpy)$_3^{2+}$ 及其衍生物 Zn^{2+} 或 Zr^{4+} 的 NMOFs，并将其包裹一层无定形硅，然后用 PEG 功能化并接上靶向分子。人类肺癌细胞的共聚焦实验表明 NMOFs 提高了靶向分子的摄入量。

（3）药物输送　目前小分子药物往往局限于其对全身的非特异性分布，从而导致高剂量、快速清除、药代动力学不佳等缺点。这些缺点可以通过使用纳米颗粒而缓解。Ferey 研究组报道的化合物 MIL-100 和 MIL-101 对有机药物分子布洛芬具有很好的装载能力，被装载的药物在生理条件下可以被缓慢释放出来。证明 NMOFs 可以作为有效的药物缓释体系。

1.4 模型药物的选择

1.4.1 结构与理化性质

5-氟尿嘧啶（5-Fluorouracil，5-FU），化学名 5-氟-2,4（1H,3H）-嘧啶二酮，分子式 $C_4H_3FN_2O_2$，分子量 130.077，白色或类白色结晶性粉末，略溶于水，微溶于乙醇，溶于稀盐酸或氢氧化钠溶液。5-FU 为嘧啶类的氟化物，尿嘧啶的五位上的氢离子被氟离子所取代。

1.4.2 作用机制

主要作用机制：5-FU 本身无生物学活性，在肿瘤细胞内必须转化为 5-氟尿嘧啶脱氧核苷酸（5 F-dUMP），与辅酶 5,10-次甲基四氢叶酸及胸腺嘧啶核苷酸合成酶（TS）以共价结合，使 TS 失活，进而抑制 DNA 的合成，最后导致肿瘤细胞死亡。同时，5-FU 主要抑制 S 期细胞，在体内转化为 5-氟尿嘧啶核苷后，也能掺入 RNA 中抑制蛋白的合成，故对其他各期细胞具有普遍的抑制作用。5-FU 作为一种常用的广谱抗肿瘤药物，对多种肿瘤均有一定的抑制作用。缺点是药物的有效剂量与中毒量相近，故 5-FU 对正常细胞毒性也较大。

1.4.3 临床应用

5-FU 是经典的抗肿瘤药物，5-FU 抗瘤谱较广，广泛应用于多种肿瘤的治疗，主要用于治疗消化道肿瘤、乳腺癌、卵巢癌、宫颈癌等。但是，5-FU 不良反应较大，常见为胃肠道反应、骨髓抑制、脱发、共济失调等。近年来，国内很多学者为降低 5-FU 药物毒性，增加癌细胞内药物的浓度，将 5-FU 制成不同的剂型，如 5-FU 微球、5-FU 纳米粒、5-FU 微乳、5-FU 脂质体等。本研究将 5-FU 吸附在金属有机骨架纳米载体中，希望能够达到延长药物释放时间，提高药物的靶向性，为中药多成分载入的研究奠定良好的基础。

与其他递药系统相比，金属有机骨架递药系统的优点是合成简单，产量大，稳定性好，具有大的孔隙和表面积，载药量高。所选模型药物为抗肿瘤代表性药物，且药物分子大小与载体孔径大小相差不大，利于载药。有文献表明，以 Cu-BTC 为基础的载体无毒，可以以原形状态被机体排出体外。故本研究先以 Cu-BTC 为载体，研究廉价易得的抗肿瘤传统药物 5-FU 载入后作用的情况，为今后金属有机骨架载药系统和中药多成分载药系统联合应用打下良好的基础。

纳米金属有机骨架是通过配位反应生成的一种新型纳米递药系统，首次构建纳米金属有机骨架 Cu-BTC 载药系统，并成功将抗肿瘤传统药物 5-FU 载入载体中，通过对其表征、体外释放研究、细胞学研究，初步探讨了纳米金属有机骨架作为药物载体的研究进展。揭示纳米金属有机骨架作为抗肿瘤药物载体对癌症治疗的潜在应用价值。

1.5 纳米递药载体的研究现状

纳米递药载体是一种属于纳米级微观领域的药物载体运送系统。将药物包封于纳米载体中，可以调节药物的释放速度，增强药物对生物膜的透过性、改变药物在体内的分布、提高药物的生物利用度等。纳米载体一般由天然高分子材料或合成高分子材料构成。

1.5.1 天然高分子材料

天然高分子材料以多糖类和蛋白类为主。多糖类主要有纤维素、壳聚糖、海藻酸盐、淀粉及其衍生物、透明质酸等。蛋白类主要有白蛋白、丝素蛋白、玉米醇溶蛋白等。其中壳聚糖和透明质酸较为常用，壳聚糖是天然多糖中唯一的碱性多糖，是甲壳素脱除部分乙酰基的产物，甲壳素是含量最丰富的天然多糖之一，主要存在于甲壳动物外壳、昆虫的外壳及藻类的细胞壁等，壳聚糖具有生物降解性、生物相容性、无毒性、抑菌、抗癌、降脂、增强免疫等作用，并能进行化学修饰反应而被广泛应用于纳米制剂领域。如李永恒等在分析多柔比星经壳聚糖包载制成纳米粒子后对骨肉瘤的抑制作用中发现，多柔比星经包载后实现了控释的目标，并明显提高了其对骨肉瘤的抑制作用。Sohail R 在评价藻酸盐 - 壳聚糖纳米粒负载苦杏仁苷作为抗癌药物的生物相容性药物传递载体时发现，藻酸盐 - 壳聚糖纳米粒可以在保护正常细胞和组织的情况下，控制苦杏仁苷的释放并提高其对癌细胞的毒性作用。透明质酸是一种具有良好生物相容性、可降解性以及可供进一步化学修饰的载体材料，在肿瘤表面有高表达的 CD44 是其最重要的受体之一，被广泛应用于抗肿瘤载体领域。He M 在透明质酸涂层的聚（氰基丙烯酸丁酯）纳米粒作为抗癌药物载体研究中发现，HA-PBCA 纳米粒可能是疏水性抗癌药物全身给药的安全有效的载体。

1.5.2 合成高分子材料

因为天然高分子材料不能满足全部应用的要求，所以可生物降解的合成高分子材料越来越受到关注，成为了研究的热点。迄今为止，常用的合成高分子载体材料有：聚乳酸（PLA）、聚己内酯（PCL）、聚氰基丙烯酸正丁酯（PBCA）、聚乙烯亚胺（PEI）、聚乙二醇（PEG）、聚乳酸聚乙醇酸（PLGA）以及他们合成的嵌段共聚物，如 PEG-PCL、PLGA-PEG-PLGA、PEG-PLGA 等。近年来，尤其是 PEG 和 PLGA，因无毒、生物相容性好，且已经美国 FDA 批准为药用辅料等，成为了药剂学领域构建纳米递药载体的研究热点。

PEG 分子量不同而性质不同，从无色无臭的黏稠液体至蜡状固体。因无毒，无刺激，具有良好的水溶性，而在药剂学领域得到了广泛的应用。研究发现，小分子抗肿瘤药物被 PEG 修饰后，可改善其水溶性差、半衰期短、生物利用度低等问题，并提高其对肿瘤的被动靶向性。如方罗等在研究 PEG 修饰的多柔比星脂质体在我国恶性肿瘤患者血浆中的药动学过程时发现，多柔比星半衰期延长，清除速率降低。Yang 研究发现，用被 PEG 化后的 Ca/Pt（Ⅳ）@pHis-PEG NCPs 进行化学治疗时，在低药物剂量下就显示出巨大的功效，并且对低 pH 的实体瘤特别有效。

PLGA 由于其可控制，完全的生物降解性和生物相容性，明确的配制技术和易于加工的优点而被认为是最常用的合成生物可降解聚合物之一。Deng 研究发现 FK506-PLGA 纳米粒可以延长 FK506（他克莫司）的滞留时间，降低其清除速率，且在评估对大鼠异位心脏移植模型免疫抑制效果时发现，与游离 FK506 相比，FK506-PLGA 纳米粒可成功缓解急性排斥反应并延长同种异体移植存活时间。

PEG-PLGA 共聚物集合了 PEG 和 PLGA 的优点，无毒，安全，具有较好的生物相容性和体内生物降解性，在体内无蓄积，容易排出体外；粒径小，高载药量，适合包载不同性质的药物，药物经 PEG-PLGA 共聚物包载后，在血液循环中不易被破坏，使其循环时间增加，毒副作用降低。PEG-PLGA 制备工艺简单，还可对其进行表面修饰而具备主动靶向的效果，成为了药剂学领域的研究热点。Liu 将葛根素用 PEG-PLGA 包载制成胶束后，可以极大地提高心肌细胞对葛根素的摄取率，增强其抗急性心肌缺血作用，并降低了其给药剂量。马桂蕾等研究表明可将经叶酸修饰的星型多臂端氨基 PEG-PLGA 载药纳米胶束作为抗肿瘤药物的新型靶向递送载体。

1.6　GA 的研究现状

甘草次酸（GA）为传统中药甘草的主要生物活性物质。GA 的药理作用有：抗炎、抗病毒、雌激素样作用、抗免疫、抗利尿、保肝及抗肿瘤等。在 20 世纪

90年代初期，Negishi研究发现在大鼠的肝细胞膜上存在GA的特异性结合位点。最新研究表明，GA能和肝HepG2细胞进行靶向结合，且有研究显示GA对多种肿瘤细胞有显著的细胞毒性，表明GA既能发挥治疗作用，也能作为靶向肝细胞的靶头。因此，GA成为了药剂学领域的研究热点。黄薇等成功制备了GA-PEG-PLGA，并证明其有望作为新型肝靶向载体。徐宏智成功合成了GA修饰的壳聚糖纳米递药载体，用其包载5-氟尿嘧啶制成纳米粒后，发现其具有缓释作用，对肝癌有靶向性，且对肿瘤有明显抑制作用。Tian将制备的GA修饰的透明质酸1,2-二硬脂酰-sn-甘油-3-磷酸乙醇胺-聚乙二醇-聚醚酰亚胺纳米粒用于共同递送阿霉素和Bcl-2 siRNA，发现其可同时将化疗药物和siRNA输送到肿瘤区域，并且显示出更高的细胞凋亡率和抗肿瘤作用。

1.7 纳米胶束的研究进展

近年来，纳米胶束作为新兴的药用载体材料，以其生物相容性好、安全无毒、粒径较小等优点逐渐走入了人们的视野。利用嵌段共聚物一端亲水、另一端疏水的特性，使其在水中进行自组装，形成不同大小和形态的纳米胶束，这种两亲性嵌段共聚物的自组装行为与其分子结构和亲疏水嵌段的比例有关，因此可以根据不同分子结构的特性和自组装方式，"定制"不同结构和性能的纳米胶束。例如，研究人员利用聚乙二醇（PEG）既可亲水，又具有长循环特性的优点，制备了长循环纳米递药系统。张馨欣等以PEG40硬脂酸酯及PEG100硬脂酸酯修饰了纳米递送载体，其结果显示该纳米递送载体具有长循环的治疗效果。

通常纳米胶束可根据不同的外界环境将其区分为：还原敏感型纳米胶束、pH敏感型纳米胶束、磁场敏感型纳米胶束以及温度敏感型纳米胶束等类型，其中还原敏感型纳米胶束是近年来国内外学者的热门课题。

1.7.1 还原敏感型纳米胶束

还原敏感型纳米胶束是通过化学合成反应将具有还原响应性的化学键——二硫键（S-S）连接在高分子嵌段共聚物载体中，载体与药物可在一定的溶剂中自组装形成纳米胶束。这种还原敏感的特性使其在复杂的药物传输体系中得以应用。周春艳等发现透明质酸（HA）导向的载药还原敏感型纳米递送系统DOX-NPs可以杀伤乳腺癌细胞并诱导其凋亡。S-S具有较好的生物相容性、血清稳定性以及通过S-S还原酶或代谢硫醇断裂等优势，相较于其他传统给药方法，二硫化物表现出了优越的治疗性能。S-S偶联高分子药物载体，可使其被高效率地定向输送到作用部位，从而使治疗药物在靶组织汇集到较高的药物浓度。但大部分的药物和高分子药用载体不具备这种二硫化物的官能团，在治疗药物和药用载体间使用 S—S 来进行修饰，可使药物与其载体具备能够连接到 S—S 官能团的羧酸基团或伯胺基团，大部分的硫醇连接器用于二硫结合基于硫醇（或二硫）短烷基间隔在伯胺或终止羧酸。同时，在正常人体中，S—S 基团也作为一种特殊的化学键广泛存在，S—S 在正常机体的体液循环和细胞外介质中能够较为稳定地存在。但当 S—S 处于二硫苏糖醇、谷胱甘肽（GSH）等还原性介质中则会发生断裂，生成琉基基团。正常机体的细胞内外 GSH 浓度差别较明显，且在肿瘤环境中氧气含量微弱，一些肿瘤环境下 GSH 浓度甚至达到了正常环境的七倍，所以可认为肿瘤环境表现为还原环境。当这类高分子药物载体在细胞外进行递药时，在较低的 GSH 浓度下可以保持稳定，但当其进入肿瘤细胞内之后，细胞内外 GSH 浓度差异将会引发载体的分解，从而释放出治疗药物，达到释放的目的。

1.7.2　纳米胶束在肿瘤治疗中的应用

纳米胶束在肿瘤的预防、诊断以及治疗中拥有独特的应用潜力。纳米胶束可以通过物理包埋、化学偶联等手段将抗肿瘤的模型药物负载其中，增强了药物的稳定性和溶解性，提高了生物利用度，更好地发挥药物疗效。

Thayum anavan 等成功制备了连接 S—S 键的聚合物纳米胶束，亲水性基团连接到含有使用二硫键的疏水基团，其在水溶液中可以完成自组装从而形成聚合物纳米胶束，选取阿霉素为模型药物，包载于含有 S—S 键的疏水核中。该成果证实了模型药物可以得到释放，同时也体现出了模型药物阿霉素通过谷胱甘肽对 MCF-7 细胞的体外细胞毒性。杨红梅等以 PEG- 芴甲氧羰酰基 - 布洛芬为纳米递药载体，成功合成了包载丝裂霉素的纳米胶束，体外抗肿瘤实验分析表明该纳米胶束可以有效将模型药物递送至肿瘤细胞。Lee 等合成了含有 S—S 键的交联剂壳交联的聚合物纳米胶束，水溶液中自组装并将模型药物甲氨蝶呤进行负载，在肺细胞中，随着谷胱甘肽的浓度增大，细胞的抑制率也会随之增强。考虑到癌细胞中含有较高浓度的谷胱甘肽，这种新型的聚合物纳米胶束可使药物输送的效率显著提高。尹春香等制备了乳糖 - 多柔比星纳米胶束，研究显示将药物制备成纳米胶束，可提高其对肝组织的靶向性，抗肿瘤效果大大提升。Zhong 等实验发现了二硫键耦合的可生物降解的 β- 葡聚糖和聚己内酯的核壳双嵌段共聚物纳米胶束。在含有还原剂二硫苏糖醇（DTT）环境下，包裹模型药物阿霉素的聚合物纳米胶束中二硫键发生断裂，释放出的模型药物阿霉素通过细胞内吞作用从而进入细胞内，表现出了较高的效率。Shi 等合成了以 S—S 键为基础，以聚乙二醇作为亲水基团的纳米胶囊体系。该新型聚合物纳米胶束同样显现出了在肿瘤环境中释药的特异性，并证明了其对改良细胞增殖的药理学功效。白玲构建了双靶向抗肿瘤药物多柔比星纳米胶束，体外细胞实验结果表明，该纳米胶束对肿瘤细胞的增殖具有显著的抑制效果。

因纳米胶束良好的控制释放性能，使得高分子纳米材料在复杂的药物传输体系中获得了越来越多的关注，同时其在生物治疗药物如质粒 DNA、siRNA、药物蛋白和肽，以及低分子量药物的传输系统中展现出了显著的治疗优势。高分子纳米胶束，可以做到在细胞内部精准并且快速地释放出治疗药物，对癌细胞有较强的负面作用。因而纳米胶束在抗癌药物的传输范畴有杰出的运用远景。

1.8 PLGA 纳米粒的研究进展

1.8.1 PLGA 材料的概况

PLGA 是乳酸和羟基乙酸通过聚合作用而获得的产物，该物质是一种高分子化合物，具有相容性、可降解性等诸多特性，现已被广泛地应用于生物医学材料领域、制药领域和现代化工业领域，如韧带修复、细胞支架搭建等。美国已经把该物质划分为可以在人体内注射的生物材料之一。

在聚合物中，乳酸（LA）和羟基乙酸（GA）的配比可以根据需要进行调整，因此经过多种调整的 PLGA 材料可以根据 LA 和 GA 的比例分为以下五种：90/10，80/20，75/25，60/40，50/50。通过两种物质配比的调整，不仅产生的聚合物的结晶度会有所不同，其降解速度也会发生改变，正是因为如此，包封在其中的药物释放的速度和质量也会不同。通常，纳米粒中所包裹的药物会经过两个阶段：首先，药物会从聚合物中扩散出来，然后聚合物开始出现降解并与扩散同时发生。从 PLGA 本身的降解情况来看，形态、粒径等因素均会对其产生影响，此外制备方法以及其理化特性等也有一定的作用，PLGA 降解完成的标志是其醋键的断裂，而 PLGA 在水解过程中，温度、酸碱度以及催化剂的种类、数量等都会对其产生影响。研究还发现，聚合物的亲水性会影响其降解过程，一般来说，亲水性越强的物质，其降解的速度越快。

1.8.2 PLGA 纳米粒的制备方法

1.8.2.1 沉淀法

沉淀法的一般操作过程为：首先制备水相有机溶剂，将单体、油脂、乳化剂等可在其中溶解的物质与有机溶剂混合，然后向其中加入一定量的表面活性剂，此时溶剂中的各个成分在水中快速扩散而形成了纳米囊，从而导致了脱溶剂与纳米油滴作用，在油滴的表面形成一个薄膜，使得溶液自动出现乳化反应。Avgoustakis 通过在丙酮、含胆酸钠等物质，经过搅拌、蒸发等过程，沉淀出了纳米粒。Govender 等在制备纳米粒的过程中使用了能够在水中溶解的盐酸普鲁卡因。此外，还通过调整水相酸碱度、增加辅助剂等方式使备制出的纳米粒的包裹性、载药量等发生了改变，可以更好地用于疾病的治疗当中。

1.8.2.2 盐析法

盐析法就是在溶液中加入无机盐类物质，从而使水中的物质被析出。利用盐析法制备出纳米粒的过程为：首先在丙酮溶液中加入需承载药物和高分子材料并使其溶解，然后制备带有稳定剂和盐析剂的水溶液，混合后搅拌并使其乳化，此时就产生 O/W 乳液，然后向其中加入水溶液使溶液浓度降低，此时丙酮会在水中逐渐扩散，纳米粒被析出。在进行盐析法时，丙酮是比较常见的溶剂，通过盐析法可以有效将其和水分开，盐析效果较好。盐析剂的不同，制备出的纳米粒中的药物的包封率也会有所差异，$MgCl_2$、$CaCl_2$ 等都可以作为盐析剂使用。除此之外，纳米粒粒径的大小会受到材料浓度、稳定剂物质的影响，还会因为搅拌速度的不同而发生改变。盐析法制备纳米粒不仅操作比较简单，而且不会残留大量的有毒溶剂，加上其产量相对较高，因此在大规模生产中的使用较多。但是，该方法只能够进行亲脂性药物的制备，使用范围局限性较强。Allemann 等通过盐析法制备出了装载有精神类药物的纳米粒，其包封率达到了 95%，此外，他们还对其载药量和粒径大小进行了调整，将药物的释放时间增加到了 30 天。

1.8.2.3 喷雾干燥法

喷雾干燥法的主要制备过程为：首先把药物和聚合物溶解在溶剂中，或是将药物和聚合物制成乳液、混悬液等形式的溶液，然后将制备好的溶液用雾滴的方式喷出，此时，雾滴与外界的热空气接触会迅速挥发，以此形成纳米粒。该方法制备出的纳米粒操作方法相对简单，且能够用于大规模生产，但是，形成的纳米粒的粒径一般不大，且生产效率不高，在干燥过程中容易出现药物结构的改变或是纤维化，影响药物疗效。而且，由于该方法需要与空气接触，雾滴的挥发会使得其本身温度不会高于空气的温度，因此对于一些对温度比较敏感的药物来说，是较好的制备方法。Takashima 等人就通过喷雾干燥法制备出了纳米粒。

1.8.2.4 溶剂挥发法

溶剂挥发法是比较常用的纳米粒制备方法，经常用来制备聚乳酸、PLGA 等物质，该方法的制备过程为：首先，将药物和聚合物溶解在具有挥发性的溶剂当中，再将其加入到带有明胶、PVA等物质的溶液中，通过乳化得到O/W乳液，然后通过减压、蒸发将其中的有机溶剂去除掉，形成纳米粒，该方法对于亲脂性药物的制备具有很好的作用。Chacon等对这一方法进行了调整，通过调整注入方式制备出了环孢素A口服PLGA纳米粒。此外，研究指出，以温度为不变因素，通过调整溶液的浓度、注射速度等会使粒径发生较大的改变。研究还发现，如果将聚合物的浓度调整到最低，通过最大速度和最细针孔，可以制备出最小粒径的纳米粒，其粒径最小为46nm，此时的包封率为85.2%，达到最大值。研究结果显示，纳米粒的粒径越大，其包封率就越大，因此可以推测出药物是附着在纳米粒的表面。

1.8.2.5 其他方法

以上制备方法是实验中比较常用的方法，而Dong等人通过高压均化法制得了纳米粒，并通过对均化次数和压力的调整使包封率和粒径大小。此外，还有学者通过透析法制备出了纳米粒，从而解决了表面活性剂的使用造成的纳米粒的纯度不佳的问题。此外，超临界流体技术、冷冻干燥法、相分离法等都有成功制备出纳米粒的案例。

1.8.3 PLGA纳米粒的表征

纳米粒的表征分为两部分：一种是生物药剂学表征，包括包封率、生物利用度、治疗效果等；另一种是物理化学表征，包括粒径、形态、表面性质等。

1.8.3.1 粒径和形态

粒径的大小与材料的降解情况相关，并会直接影响药物的释放，从而对细胞的吸收、组织渗透等产生影响，进而对药物的药效产生影响。因此，我们需要对粒径进行分析，以确定其与药效的关系，粒径的分析指标有分散性、分布、粒径大小等，一般通过QELS和PCS对其进行检测，PCS也叫动态光散射，经过长期实验发现，该方法是一种对微米以下的物质粒径测量的比较常用方法。和电镜观测法进行对比发现，PCS方法不仅能够测量粒径的大小，而且能测量出其分布情况。

1.8.3.2 表面性质

对纳米粒表面性质的与研究包括Zeta电位、疏水性等，其中Zeta电位的高低与其结构的稳定性有很大的关系，电位越高，粒子之间的排斥作用就会越大，也就是粒子的稳定性相对较高。通常实验中通过 XPS、NRM 以及 FTIR 等方式对其电位进行检测。疏水性的测试一般是通过色谱法也就是 HIC 法进行，将磷酸盐作为洗脱液观察溶液在洗脱液 400nm 处的吸光度的大小，纳米粒的洗脱速度大小与其疏水性相关，因此通过对其洗脱速度的测定了解其疏水性的高低。

1.8.3.3　包封率和药物释放

纳米粒的包封率和制备方法、聚合物的性质等多种因素相关，对于多肽类的药物，制备时通常使用复乳-溶剂蒸发法，在制备过程中通过不断将 pH 调整到等电点，以提高制备的纳米粒的包封率。药物在体内的释放速度的大小与药物的种类、骨架扩散速度、粒径等都有一定的关系。总之，药物的释放一方面靠生物的降解作用，另一方面靠自身的扩散能力。

1.8.4　PLGA 纳米粒在药物制剂中的应用

很多活性药物都可以和 PLGA 共同作用形成含药的纳米粒，这对于提高胃肠道中药物的稳定性，减少药物带来的毒性等有很重要的作用，为纳米粒药物治疗疾病的探索提供了新的方向。

1.8.4.1　抗肿瘤治疗方面

纳米粒作为缓控释系统和药物传递的载体，是一种新型药物制剂，Denis-Mizers 等制备出载 PLGA 和质粒 DNA 的纳米粒，对于肿瘤的治疗、免疫力的提高等具有很好的作用。此外，对于载药方面的研究重点一般在于如何使药物在纳米粒中不失去活性，因此，Motokazu 对载有 TNF-α 药物的纳米粒进行了研究，结果在有效确保活性的同时有效提高了包封率，使包封率超过 95%，这对于在肿瘤综合治疗中的应用有很大的突破。

1.8.4.2　免疫学方面

在临床治疗中，因为胃肠道中含有大量的酶类物质，所以蛋白质类的活性药物容易分解变质，失去药物功效，对于这些药物，临床中一般通过胃肠道之外的方式给药。所以，研制出可以经胃肠道给药，但是不会受到酶的影响的方式在临床中具有十分重要的作用。PLGA 纳米粒包裹抗原的方式，对疫苗的给药方法有很大的影响，这种方式的原理是 PLGA 的膜层破裂，将抗原释放出来，从而使机体产生抗体。Queen 等人在实验兔子中证实了纳米粒能够治疗兔子的腹泻，具有很高的安全性。此外还发现，纳米粒能够发挥作用的前提是：一是分布在集合淋巴小结处，二是 PLGA 的膜层对药物产生保护作用，使其免受酸性环境的影响。Hagan 等人经过研究发现，口服载有药物的纳米粒比单纯的注射药物的效果要好，且口服药物在人体内的存活时间较长，对药物的利用程度更高。

第 2 章

纳米金属有机骨架 Cu-BTC 载体的制备和表征

2.1 Cu-BTC 载体制备工艺考察

2.1.1 试剂与仪器

试剂：醋酸铜、硝酸铜、均苯三甲酸、正丁醇、N,N-二甲基甲酰胺等。

仪器：恒温磁力搅拌器、反应釜、减压干燥箱、场发射环境扫描电子显微 Quanta 200F、透射电子显微镜、Malvern Zetasizer 3000 粒度测定仪、FA2004 型电子分析天平、MFA-140 多功能物理吸附仪、红外光谱仪、高速离心机、D/max-rb 旋转阳极 X 射线衍射仪、YYV-450 视频光学显微镜等。

2.1.2 实验方法

纳米金属有机骨架 Cu-BTC 的制备方法如下。

（1）制备方法的筛选　根据文献查阅结果，采用溶剂热法和室温配位调控法制备 Cu-BTC。溶剂热法是金属有机骨架的经典制备方法，但这种方法对于羧酸配体和金属中心之间发生聚合反应的反应速度过快，难以控制产物的形貌。配位调控法具体做法为向反应体系加入苯甲酸作为配位调控剂，通过其与配体之间的相互竞争作用，降低反应速率，在室温条件下合成形貌可控的配位聚合物材料。其具体实验过程如下。

溶剂热法：取硝酸铜适量，加入适量水溶解后备用。取均苯三甲酸适量，加入适量乙醇溶解，混合上述两种溶液，搅拌均匀后放入反应釜中。将反应釜放入烘箱中，将烘箱调到 80℃，以每小时 5℃速度升高温度到 150℃，恒温加热 12h，再以每小时 5℃的速度降低烘箱温度到 80℃，关闭烘箱。过滤，乙醇冲洗三次，45℃减压干燥 2h，备用。

室温配位调控法：将适量醋酸铜和适量苯甲酸（调控剂）溶于正丁醇中，另取适量均苯三甲酸溶于 DMF 溶液当中，搅拌两种溶液至完全溶解。室温搅拌，同时将配体溶液滴入到金属盐溶液中（边滴加边搅拌），滴定完成后搅拌使反应完全。将产物离心，用乙醇洗涤 2 次，超声分散。所得产物常温干燥，称量。

（2）单因素考察溶剂热法影响因素

① 反应物浓度的影响：按表 2-1 取三份硝酸铜分别加入 5mL 水溶解后备用。取三份均苯三甲酸分别加入 5mL 乙醇溶解，混合上述两种溶液，搅拌均匀后放入反应釜中。将反应釜放入不同的烘箱中，将烘箱调至 80℃，以每小时 5℃速度分别缓慢升高温度到 130℃、150℃、180℃，恒温加热 12h，再以每小时 5℃的速度降低烘箱温度到 80℃，关闭烘箱。过滤，乙醇冲洗三次，45℃减压干燥 2h，备用。得出产物分别于物理显微镜和扫描电子显微镜测定粒子形态。

表2-1 溶剂热法中反应物浓度考察

浓度	硝酸铜/g	均苯三甲酸/g
C_1	0.1850	0.0912
C_2	0.3753	0.1825
C_3	0.5524	0.2709

② 反应温度的影响：取硝酸铜 0.18g 三份，分别加入 5mL 水溶解后备用。取均苯三甲酸 0.09g 三份，分别加入 5mL 乙醇溶解，分别混合上述两种溶液，搅拌均匀后放入三个反应釜中。将反应釜放入不同的烘箱中，将烘箱调至 80℃，以每小时 5℃速度分别缓慢升高温度到 130℃、150℃、180℃，恒温加热 12h，再以每小时 5℃的速度降低烘箱温度到 80℃，关闭烘箱。过滤，乙醇冲洗三次，45℃减压干燥 2h，备用。

③ 反应时间的影响：取硝酸铜 0.18g 三份，分别加入 5mL 水溶解后备用。取均苯三甲酸 0.09g 三份，分别加入 5mL 乙醇溶解，混合上述两种溶液，搅拌均匀后放入三个反应釜中。将反应釜放入烘箱中，将烘箱调至 80℃，以每小时 5℃缓慢升高温度到 150℃，分别恒温加热 8h、12h、16h，再以每小时 5℃降低烘箱温度到 80℃，关闭烘箱。过滤，乙醇冲洗三次，45℃减压干燥 2h，备用。

（3）单因素考察室温配位调控法影响因素

① 苯甲酸的用量：苯甲酸与配体均苯三甲酸通过配位竞争作用，从而明显降低了反应速度，但加入过多同样会使苯甲酸与均苯三甲酸之间的配位竞争难度增大，使反应不完全。故本节中考察苯甲酸用量为 0~4g 时产物的形态。具体过程如下：取 0.18g 醋酸铜 5 份，分别取 0g、1g、2g、3g、4g 苯甲酸（调控剂）分别和醋酸铜溶于 30mL 正丁醇中。将 0.4g 均苯三甲酸溶于 30mL DMF 溶液中，

搅拌两种溶液至完全溶解。同时将配体溶液滴入到金属盐溶液中（边滴加边搅拌），滴定时间约为 1.5h，然后搅拌 1h。将产物离心，用乙醇洗涤 2 次，超声分散。所得产物常温干燥，称重。

② 酸根的种类：金属离子结合的酸根种类是强酸还是弱酸将决定金属离子与配体的结合能力，故对产物的形态产生影响。考察硝酸铜、醋酸铜、氯化铜及硫酸铜对产物的影响，具体过程如下：将等摩尔的醋酸铜（0.18g）、硝酸铜（0.20g）、氯化铜（0.14g）及硫酸铜（0.21g）各 1 份分别和 2g 苯甲酸（调控剂）溶于 30mL 正丁醇中，将 0.4g 均苯三甲酸溶于 30mL DMF 溶液中，搅拌两种溶液至完全溶解。同时将配体溶液滴入金属盐溶液中（边滴加边搅拌），滴定时间约为 1.5h，然后搅拌 1h。将产物离心，用乙醇洗涤 2 次，超声分散。所得产物常温干燥，称重。

③ 反应物的浓度：反应物浓度可影响到反应的速度，进而对粒子的粒径及形态均有较大的影响。在保证醋酸铜与均苯三甲酸的摩尔比为 3 : 7 时，考察不同浓度对结果的影响。具体称量数据如表 2-2 所示。

表 2-2 反应物浓度考察

浓度	醋酸铜/g	均苯三甲酸/g
C_1	0.18	0.4
C_2	0.36	0.8
C_3	0.54	1.2
C_4	0.72	1.6

④ 反应物的比例：金属离子与配体比例对粒子的结构及形貌影响重大，本节中将考察醋酸铜与均苯三甲酸摩尔比例为 2 : 1、1 : 1、3 : 4、3 : 7、3 : 10 时，产物的形态。具体称量数据如表 2-3 所示。过程同上。

表 2-3 反应物比例的考察

醋酸铜 : 均苯三甲酸	醋酸铜/g	均苯三甲酸/g
2 : 1	0.12	0.06
1 : 1	0.18	0.18
3 : 4	0.18	0.23
3 : 7	0.18	0.40
3 : 10	0.18	0.57

⑤ 滴定时间：滴定时间由均苯三甲酸溶液加入到金属离子溶液的速度决定的，本节中将滴定时间调整为 1～2.5h，具体过程如下。

将醋酸铜适量 4 份分别和苯甲酸（调控剂）适量溶于 30mL 正丁醇中，将均苯三甲酸适量 4 份分别溶于 30mL DMF 溶液当中，分别搅拌两种溶液至完全溶解。同时将配体溶液滴入金属盐溶液中（边滴加边搅拌），滴定时间分别为 1h、1.5h、2h、2.5h，磁力搅拌 1h。将沉淀离心，用乙醇洗涤 2 次，超声分散。所得沉淀常温干燥，称重。

⑥ 滴定后搅拌时间：滴定后的搅拌时间即将反应物加到一起后的反应时间，将决定产物粒径及形态，本节中考察搅拌时间 10～50min 时粒子的形态，具体过程如下。

取醋酸铜适量 3 份分别和苯甲酸（调控剂）适量溶于 30mL 正丁醇中，将均苯三甲酸适量 3 份分别溶于 30mL DMF 溶液当中，分别搅拌两种溶液至完全溶解。同时将配体溶液滴入金属盐溶液中（边滴加边搅拌），滴定时间约为 1.5h，分别磁力搅拌 10min、30min、60min 后，将沉淀离心，用乙醇洗涤 2 次，超声分散。所得沉淀常温干燥，称重。

⑦ 搅拌速度：搅拌速度将影响反应速度进而影响产物的形态，本节中考察搅拌速度为 500r/min、1000r/min、1500r/min、2000r/min 时产物的形态，具体过程同上。

⑧ 反应温度：反应温度即滴定和磁力搅拌时反应体系所处的温度，对反应速度有很大的影响。本节考察反应温度为 25℃、40℃、55℃、70℃时产物的形态，具体过程同上。

⑨ 离心速度：离心速度将对残留溶剂清洗的程度产生影响，本节中考察离心速度 3000r/min、6000r/min、10000r/min、14000r/min 时产物的形态，具体过程同上。

（4）正交试验优化影响因素　在单因素考察基础上，选取反应物浓度（A）、搅拌速度（B）、滴定时间（C）为考察因素，每个因素设 3 个水平，按 $L_9(3^4)$ 正交表进行试验。

按表 2-2 中 $C1$ 到 $C3$ 的浓度表称取反应物 9 份，按影响因素水平（表 2-4）做下列实验。将得到图谱按表 2-5 中形态和粒径进行评分，再将评分结果进行归一化，再给出不同的权重，形态和粒径的权重分别设为 0.7 和 0.3，以综合值（M）进行统计分析，综合评分公式：$M=0.7X+0.3Y$。

表2-4　影响因素水平表

水平	因素		
	A浓度/（g/mL）	B搅拌速度/（r/min）	C滴定时间/h
1	1c	500	1
2	2c	1000	1.5
3	3c	1500	2

表2-5 影响因素评分标准

评分	1分	2分	3分	4分	5分
形态	片状	大部分粘连	小部分粘连	较好	好
粒径（nm）	>170	140~170	110~140	80~100	50~80

2.2 纳米金属有机骨架 Cu-BTC 的表征

2.2.1 红外光谱的检测

仪器参数：分辨率，$0.5cm^{-1}$；光谱范围，$4000\sim400cm^{-1}$；信噪比，40000∶1；波数精读：$0.01cm^{-1}$；透光率精度：0.05% T。

制片过程：采用溴化钾压片法检测载体的红外光谱。称取 1mg 干燥的载体样品与 5mg 溴化钾混合，研磨均匀，压片，将混匀的粉末制备薄片。

2.2.2 粉末 X 射线（PXRD）

仪器参数：阳极，铜旋转阳极；滤波，石墨单色器；阳极波长，1.5418A；探测器，闪烁计数器 SC；测试功率，管电压，40KV；管电流，50mA；测试狭缝，1°；扫描速度，5°／分；取数间隔，0.02°；扫描范围，5°~80°。

操作过程：将样品研磨成适合衍射实验用的粉末（大概 320 目，40μm），加无水乙醇作为黏合剂，压成面积不小于 10mm×10mm 的平整的平面试片。测定样品衍射图谱。标准图谱是由 Cu-BTC 单晶结构模拟的。

2.2.3 扫描电镜及透射电镜观察载体的形态

扫描电镜样品的制备：将导电胶剪成小块粘在铝箔上，将粉碎后的样品用牙签或棉签涂在导电胶上，喷金既得。加速电压：15~30kV；放大倍数：4 万到 8 万倍。

透射电镜样品的制备：将样品用无水乙醇溶解分散均匀后，滴数滴在微栅上，自然晾干既得。

2.2.4 平均粒径及粒径分布

将所制得的冻干样品以注射用水稀释至原体积，置于粒度测定仪的石英测量池中，测定粒径及粒径分布。

2.2.5 氮气吸附试验

取样品粉末于减压干燥箱中，115℃减压干燥 4h，研细，取适量测定。测试温度：−196℃。

2.2.6 热重分析

仪器参数：氮气流量，20mL/min；温度范围，0～450℃；升温速度，10℃/min；时间，40min。

操作过程：精密称量 CU-BTC 样品 10mg 样品平铺于坩埚中，使之与底面紧密接触，用镊子夹取放置于仪器内测试，记录升温曲线。

2.3 溶血性评价

血液相容性是指生物材料或药物进入血液中后，不破坏血液中的生理性成分，不产生溶血或凝血现象及不引起血浆蛋白变性等的性能。

本节就血液相容性中溶血性进行测定，测定过程参照李敬等的方法进行。取新鲜抗凝兔血 4mL，加入 5mL 生理盐水进行稀释。待测样品分为实验组（sample，S）、阳性对照组（positive control，P）和阴性对照组（negative control，N），其中实验组取 5mg 5-FU-Cu-BTC 和 5mg Cu-BTC，用 10mL 生理盐水分散，取上清液为供试品溶液，阳性对照用蒸馏水，阴性对照用生理盐水，供试品组设 3 个平行样，37℃孵育 30min。取 0.2mL 稀释血液加入到每个试管中，置 37℃恒温振荡器上振荡 1h 后，1000r/min 离心 5min。以空载体悬液（2 号）为空白对照，分光光度法测定上清液在 545nm 波长处的吸光值（OD）。按照公式计算材料的溶血率（hemolysis rate，HR）：

$$HR=(ODS-ODN)/(ODP-ODN)\times 100\%$$

其中，ODS 为材料组吸光度值，ODN 为阴性对照组吸光度值，ODP 为阳性对照组吸光度值。

2.4 结果与讨论

2.4.1 单因素考察溶剂热法影响因素

2.4.1.1 反应物浓度的影响

当反应物浓度为 C_1、C_2、C_3 时，产物的粒径分别为 2.5μm、3μm、4μm。即反应物浓度越小，产物晶体生长速度越慢，粒径越小。随着反应物浓度的增大，晶体结晶速度加快，成规整的四方体配位结构。因此，可以通过减小反应物浓度，降低产物的粒度。但粒径仍没达到纳米级别。

2.4.1.2 反应温度的影响

当温度为130℃和150℃时，产物粒径分别为3μm和2.5μm。180℃时，产物形态改变。由此可知，温度升高使粒子粒径减小，但升到一定程度后，会使产物的结构发生改变。因此，150℃时为最佳温度条件。但此温度下，粒径仍未达到纳米级别。

2.4.1.3 反应时间的影响

当反应时间为8h时，产物杂质较多。当反应时间为12h和16h时，产物粒径分别为2.5μm和3μm。由此可知，反应时间短使合成不完全，反应时间越长粒径越大。因此，合成时间为12h时粒径较小，但仍未达到纳米级别。

2.4.2 单因素考察室温配位调控法影响因素

2.4.2.1 苯甲酸的用量

当直接混合醋酸铜和均苯三甲酸溶液时，由于金属中心和羧酸配体之间聚合反应速度过快，使产物粒子边界不清晰，有团聚现象；当向反应体系逐渐加入苯甲酸后，产物粒子的形貌渐渐清晰；苯甲酸用量为2g时，粒子呈球形，边界清晰，分散性较好；苯甲酸用量为3g时，边界不清晰，部分粘连；苯甲酸用量为4g时，粒子大面积粘连成块状。故苯甲酸最佳用量为2g。

2.4.2.2 酸根的种类

当反应物为硝酸铜时，粒子相互团聚呈不规则的块状；当反应物为氯化铜时，产物为大面积片状；当反应物为硫酸铜时，产物为不规则块状结构；当反应物为醋酸铜时，粒子为球形，单个粒子的边界较清晰，分散性良好。故选择醋酸铜为反应物。

2.4.2.3 反应物的浓度

反应物浓度为$C1 \sim C3$时，粒子的粒径分别为80nm、120nm、150nm。反应物浓度为$C4$时，粒子团聚现象明显。由此可见，反应物浓度越小，粒子生长速度越慢，合成出的粒子粒径越小；随着浓度的增大，粒子反应速度加快，粒径大，但增高到一定程度后会阻碍反应的进行。故反应物浓度应在$C1 \sim C3$

之间。

2.4.2.4　金属离子与配体的比例

当 $n(Cu^{2+}):n(H_3BTC)$ 为 3∶7 时，平均粒径 100nm，产物形貌及分散性最佳。

2.4.2.5　滴定时间

滴定时间短，反应不完全；滴定时间长，粒子粒径变大。故滴定时间初步定为 1～2h。

2.4.2.6　搅拌时间

滴定后搅拌 10～50min 时，粒子形态均呈球形。滴定后搅拌 10min，粒子间边界不清晰，相互粘连；当搅拌时间为 30min，边界变清晰，分散性良好；当搅拌时间增加到 50min 时，粒子除分散性较好外，粒径略有增加。故搅拌时间选择 30min。

2.4.2.7　搅拌速度

搅拌速度过慢，产物溶液分散不均匀，容易造成粒子粘连；搅拌速度过快，粒子形态也易发生改变。因此，最佳搅拌速度初步定为 500～1500r/min。

2.4.2.8　反应温度

室温时，粒子呈球形，边界清晰，分散性良好；当反应温度逐渐增加到 40℃和 55℃时，粒径虽然变小，但粒子间相互粘连；当反应温度上升到 70℃时，形态不仅发生改变，且粒子间大面积粘连。故将反应温度定为室温。

2.4.2.9　离心速度

离心转速为 3000r/min 时，粒子为球形，边界不清晰，相互团聚；离心转速为 6000～10000r/min 时，粒子呈球形，分散性较好；离心转速为 14000r/min 时，粒子再次团聚。故离心转速定为 6000～10000r/min。

2.4.2.10　正交试验优化影响因素

通过正交试验优化影响因素，确定反应物浓度、搅拌速度、滴定时间的最佳参数。结果见表 2-6。

表2-6 正交试验因素表

因素列号 实验号	A 浓度	B 搅拌速度	C 滴定时间	D 误差	形态	粒径	综合评分
1	1	1	1	1	大部分粘连	100	1.7
2	1	2	2	2	好	80	4.7
3	1	3	3	3	片状	120	1
4	2	1	2	3	较好	120	3.7
5	2	2	3	1	好	170	4.1
6	2	3	1	2	小部分粘连	120	2.7
7	3	1	3	2	较好	180	3.4
8	3	2	1	3	较好	160	3.4
9	3	3	2	1	好	140	4.1
I_j	2.467	2.933	2.600	3.300			
II_j	3.500	4.067	4.167	3.600			
III_j	3.633	2.600	2.833	2.700			
S_j	1.166	1.467	1.567	0.900			

注：$F_{0.01}(2,2)=99.00$　　$F_{0.05}(2,2)=19.00$

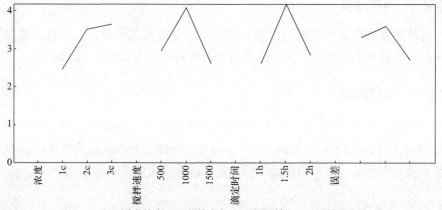

A—反应物浓度　B—搅拌速度　C—滴定时间　D—误差

图2-1 影响因素效应曲线图

表2-7 正交试验方差分析表

方差来源	离差平方和	自由度	均方	F值	显著性
A（浓度）	2.447	2	1.2235	1.942	不显著
B（搅拌速度）	3.547	2	1.7735	2.815	不显著
C（滴定时间）	4.287	2	2.1435	3.402	不显著
D（误差）	1.260	2	0.6300	1.000	

结果分析：通过对表 2-6 的直观分析表明，以综合评分为标准，在所选因素水平范围内，各因素作用主次顺序为 $C>B>A$。方差分析（表 2-7）表明，各因素均无显著性影响（$P<0.05$），原因是实验结果的判断主观性较强，导致误差较大。最佳影响因素为 $A3B2C2$，即反应物浓度为 $C3$，搅拌速度为 1000r/min，滴定时间为 1.5h。由影响因素效应曲线图（图 2-1）可见反应浓度为 $C2$ 和 $C3$ 时，综合评分结果相差不大，考虑到反应物浓度太高时不易溶解，操作难度加大，故将最佳反应浓度定为 $C2$。从显著性来看，三个因素均不显著的。

2.4.3 金属有机骨架的表征

2.4.3.1 红外光谱的检测

Cu-BTC 的标准红外光谱图和自制 Cu-BTC 的样品红外光谱图显示，1450～1338cm^{-1} 为羧基上 O—H 的弯曲振动吸收峰，1700～1650cm^{-1} 处为羧基的 C=O 伸缩振动吸收峰。3500～3000cm^{-1} 处较宽峰对应于样品中水分子的吸收峰，900～600cm^{-1} 处为 C-H 面外弯曲震动吸收峰等，这些特征峰共同表明这两种结构有相同的官能团特征吸收峰。

2.4.3.2 粉末 X 射线的检测

为证实配位调控法合成的产物与文献中 Cu-BTC 结构是否相同，用 X-射线粉末衍射（PXRD）对合成的 Cu-BTC 分别进行了表征。由图 2-2 可看出两种方法合成的 Cu-BTC 所有衍射峰和标准 Cu-BTC 晶体峰十分吻合，并且没有任何杂峰的出现，说明得到的 Cu-BTC 纯度均较高。此外，图谱由于粒径较小，峰型较粗糙。

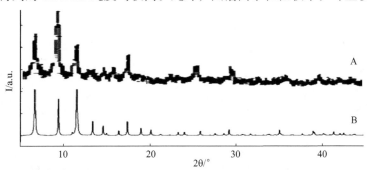

图2-2　Cu-BTC衍射图谱（A）和Cu-BTC标准图谱（B）

2.4.3.3 扫描电镜及透射电镜观察配位调控法制备的载体形态

配位调控法制出的产物与溶剂热法相比粒径明显缩小，配位调控法制出的 Cu-BTC 在扫描电镜下可见粒径圆整，分布均匀，无粘连现象。直径大小在 50～100nm，单个粒径表面粗糙证明孔径的存在。透射电镜下可见孔径在 2～5nm 之间。

2.4.3.4　载体的平均粒径及粒径分布

按照优化后的冻干工艺制备 Cu-BTC，将所制得的冻干样品以注射用水稀释至原体积，置于粒度测定仪的石英测量池中，测定粒径，每个样品平行测 3 次。经粒度测定结果显示，Cu-BTC 在水溶液中的粒径为 275nm ± 5.1nm，PDI 值为 0.225 ± 0.02。

2.4.3.5　氮气吸附试验

氮气吸附法测定原理是利用多孔材料表面具有吸附气体分子的能力，在含氮的气体中，多孔材料在液氮温度下，表面孔隙会对氮气产生物理吸附，从而测定材料的比表面积和孔径分布。氮气吸附法是国内外对于纳米材料测定的常用方法。

由样品的吸附等温曲线（图 2-3）可知在相对高的压力区间等温线上出现了滞后环现象（滞留回环现象），这一现象的产生是毛细管凝聚的结果，即氮气分子在低于常压下凝聚填充了材料的介孔孔道。开始发生毛细凝结时是在孔壁上的环状吸附膜液面上进行，而脱附是从孔口的球形弯月液面开始。这使得吸附和脱附的等温线不相重合，即在相同相对压力下，脱附曲线上的吸附量总是大于吸附曲线上的吸附量，形成一个滞后环。此现象说明样品中介孔孔道的存在。

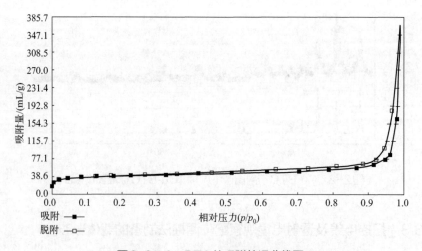

图 2-3　Cu-BTC 的吸附等温曲线图

由低压部分的台阶可以推断有微孔存在。在高压部分（$p/p_0>0.9$），氮气吸附量陡增，并形成滞后环，这表明样品中介孔的存在，从由孔径分布图（图2-4）可以看出，样品的平均孔径为 2～5nm，另有 10nm 左右的宽峰是粒子中孔径较大的中孔孔隙产生的。这些较大的中孔孔隙来自于纳米颗粒相互堆积造成的间隙孔。此外，样品的 BET 比表面积为 227m^2/g，总孔容积为 0.61cm^3/g。

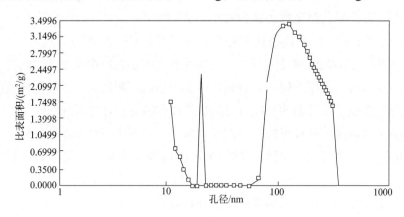

图2-4　Cu-BTC的孔径分布图

2.4.3.6　热重分析（TG）

热重分析就是在程序控制温度下测量获得物质的质量与温度关系的一种技术。Cu-BTC 有两个失重区间，160℃之内的失重可以归结为水分子的脱除，活化时的温度控制在此区域时效果较好。当温度升至 310℃左右时，框架结构发生改变，故本载体有较高的热稳定性，与文献报道的热稳定性基本吻合。

2.4.4　溶血性实验

溶血实验是检测生物材料或药物制剂对血液中红细胞的溶血作用，是评价材料血液相容性的国家标准方法之一。溶血率低于 5% 的材料被认为是符合生物材料和医疗器械溶血实验要求的安全性材料。当 Cu-BTC 组与 5-FU-Cu-BTC 组与血液共培养 1h 后，溶血率分别为 0.3289% 和 0.1128%，均低于 5%，符合生物医用材料对溶血率的要求，表明 Cu-BTC 具有良好的血液相容性。

2.5　小结

金属有机骨架（MOFs）是由金属离子和多齿有机配体组成的，由于其在分离、气体储藏和催化技术方面的潜在应用而得到广泛的关注。MOFs 最显著的特征是多孔结构,这使其在生物和医学方面有广泛的应用。尤其是其具有较高的载药量、高度的生物降解能力和易于功能化的特点,使其更加适合作为纳米药物的载体。但目前报道的合成方法中存在着反应时间长、反应温度高、使用大量有机溶剂和复杂的反应设备等缺点,成为制约其产业化进程的瓶颈,因而开发出快速、简便、高产率的制备方法具有重要意义。

目前,Cu-BTC 的合成方法有很多,包括微波法、溶剂热合成法、超声法、加热回流法、溶剂高温挥发法等。然而这些合成方法往往存在反应时间长、反应温度高、反应设备复杂等缺点,对其实际应用造成了制约。本文所选合成线路最主要的特征为反应条件温和、反应时间短及操作简便,具有可推广性。

本章中以粒径、载体形态、分散性为指标,采用单因素考察法分别考察溶剂热法和配位调控法的影响因素,结果表明配位调控法和溶剂热法均可制出有机金属框架 Cu-BTC。但只有配位调控法制出的粒径为纳米级别。为进一步优化反应条件,对配位调控法中反应物浓度、搅拌速度、滴定时间用正交试验法进行优化,优化后确定最佳因素条件为:反应物浓度为二倍浓度(即醋酸铜 0.36g,苯甲酸 4g,均苯三甲酸 0.8g)、滴定时间为 1.5h、搅拌速度为 1000r/min。综合考察的结果得出最优的制备工艺为:将 0.36g 醋酸铜和 4g 苯甲酸(调控剂)溶于 30mL 正丁醇中,将 0.8g 均苯三甲酸溶于 30mL DMF 溶液当中,搅拌两种溶液至完全溶解。室温搅拌,同时将配体溶液滴入到金属盐溶液中(边滴加边搅拌),滴定时间约为 1.5h,滴定后搅拌 30min。将产物离心,用乙醇洗涤 2 次,超声分散。所得产物常温干燥,称量。

对所合成的纳米载体进行红外光谱和 XRD 定性鉴别,证明所制备的载体和 Cu-BTC 标准物质十分吻合。接下来用 SEM 和粒径分布仪查看载体形态,测定粒径分布。SEM 测得载体粒径大小在 50~100nm 之间,而粒径分布仪测定粒径在 270nm 左右。这是由于载体溶入水中,水分子包裹在载体周围,使其粒径增大。此外,从 SEM 图谱可见载体形态呈规整的圆球形,不粘连,分散性好。TEM 和氮气吸附试验描述载体孔径的情况,经证实,载体中孔径大小为 2~5nm。适宜载入粒径小于此范围的药物。热重分析曲线证明 160℃以内为最佳活化温度,当温度升至 310℃左右时,框架结构发生改变,故本载体有较高的热稳定性,与文献报道的热稳定性基本吻合。最后,对载体在血液中的溶血性进行考察,结果证明,载体具有较好的血液相容性,可用于载药。

第3章

载药纳米金属有机骨架的制备

3.1 5-FU 体外分析方法的建立

3.1.1 试剂和仪器

试剂：5-氟尿嘧啶、泊洛沙姆188、葡萄糖、蔗糖、乳糖、糊精、甘露醇等。

仪器：高效液相色谱仪、C18 色谱柱、磁力搅拌器、恒温水浴锅、恒温水浴振荡器、粒度测定仪、真空冷冻干燥机 GLZY-0.5B、高分辨扫描电镜、高速离心机、FA2004 型电子分析天平等。

3.1.2 方法

3.1.2.1 5-FU 体外分析方法的建立

（1）5-FU 方法学考察

① 检测波长的选择：分别取 5-FU 对照品和空白载体适量，加 80% 乙醇溶液稀释并溶解，以 80% 乙醇为空白对照溶液，在 200～400nm 范围内进行紫外图谱扫描。

② 色谱条件的建立：色谱柱，迪马 ODS-C_{18}（200×4.6mm，5μm）；流动相，甲醇-水（20∶80）；流速，1mL/min；柱温，30℃；检测波长，266nm；进样量，10μL。

③ 专属性考察：精密吸取 Cu-BTC 溶液、5-FU 对照品溶液及 5-FU-Cu-BTC 溶液各 10μL，进行高效液相色谱分析，记录图谱。

④ 线性关系考察：精密称取 5-FU 对照品 20.00mg 于 100mL 容量瓶中，加 80% 乙醇溶解并稀释至刻度，作为贮备液。精密量适量贮备液，加 80% 乙醇稀释，制得浓度为 0.10μg/mL、0.12μg/mL、0.14μg/mL、0.16μg/mL、0.18μg/mL、0.20μg/mL、0.22μg/mL、0.24μg/mL、0.26μg/mL、0.36μg/mL、0.48μg/mL、

0.60μg/mL、0.72μg/mL、0.84μg/mL、0.96μg/mL、1.08μg/mL 的 5-FU 系列标准溶液进高效液相色谱仪测定，以 5-FU 的浓度对峰面积进行线性回归。

⑤ 精密度的测定：精密吸取对照品溶液，重复进样 6 次，测定其峰面积。

⑥ 稳定性的测定：精密吸取对照品溶液，分别在 0h、2h、4h、6h、8h、12h 进样，测定其峰面积值，观察对照品溶液在 12h 内稳定情况。取 0.02mg/mL 的 5-FU 对照品溶液，分别在 0h、2h、4h、6h、8h、12h 进样，测定其峰面积值，观察药物在释放介质中 12h 内稳定情况。

⑦ 重复性测定：精密称取同一份载药载体 6 份，平行配制一定浓度的 6 份供试品溶液，分别进样，测定峰面积，观察样品重复性。

⑧ 回收率测定：精密称取已知含量的 5-FU 纳米粒，制备成供试品溶液 6 份，分别加入对照品溶液适量，用 80% 乙醇定容至 10mL，分别进样，测定并计算平均回收率和 RSD。

（2）样品处理条件的考察　由于 5-FU 水溶性较大，为把药物从载体中置换完全，计划先加适量水超声处理一段时间后再加入乙醇，达到不同的乙醇浓度，本节中需要考察最终形成的乙醇浓度，以利于分析。具体操作过程如下。

精密称取载药载体 5mg 于 10mL 容量瓶中，分别加入水 1mL、2mL、4mL、6mL 及无水乙醇适量，超声处理 30min，放冷，加无水乙醇定容，使乙醇最终浓度分别为 90%、80%、60%、40% 及 100%。过滤，取续滤液用 0.45μm 的微孔滤膜过滤，进行高效液相分析，记录峰面积，计算 5-FU 含量。

3.1.2.2　载药载体 5-FU-Cu-BTC 的评价

（1）5-FU-Cu-BTC 的制备方法　精确称取 20mg 干燥活化后的 Cu-BTC 框架，分别加入一定量 5-FU 的乙醇溶液，分别磁力搅拌 1~5 天，离心 10min，干燥，得到 5-FU-Cu-BTC 纳米粒。

（2）包封率和载药量的测定　取 5-FU-Cu-BTC 5mg，研细，精密称定，置 10mL 容量瓶中，加 80% 乙醇适量，超声 30min，放冷，定容。过滤，取续滤液用 0.45μm 的微孔滤膜过滤，进行高效液相分析，记录峰面积，计算 5-FU 含量。并按下列公式计算包封率和载药量。

载药量 =5-FU-Cu-BTC 中所含 5-FU 的总量 / 5-FU-Cu-BTC 的总量 ×100%

包封率 =5-FU-Cu-BTC 中所含 5-FU 的总量 /5-FU 总量 ×100%

3.1.3　制备方法的考察

将药物包裹到金属有机骨架中有两种方法，一种是在制备过程中，将药物溶解在反应溶剂中，在骨架形成的瞬间将药物包裹在其中。另一种是制备完成后，载体在高温下活化，去掉孔道中残留的溶剂分子。再经过恒温磁力搅拌的方法，将药物以氢键的形式与载体结合。由预实验可知第一种方法没有可操作性，因为药物加入到反应溶剂中后，改变了溶剂的极性，影响载体的形成。故采用第二种方法。

3.1.3.1 单因素考察法

通过预实验可知，药物的载药量、包封率受药物和载体的比例、载药天数、乙醇浓度的影响较大。计划固定其他因素，改变某一条件，设计试验。

（1）药载比的考察　精确称取干燥活化后的 Cu-BTC 载体 20mg，分别加入一定浓度的 5-FU 的 80% 乙醇溶液，使药物和载体的质量比为 1∶2、1∶1、3∶2、3∶1、5∶1、7∶1、8∶1，磁力搅拌 1 天，离心，干燥，得到 5-FU-Cu-BTC 纳米粒。

（2）载药时间的考察　精确称取干燥活化后的 Cu-BTC 载体 20mg，分别加入 3mg/mL 的 5-FU 80% 乙醇溶液，磁力搅拌 4～120h，离心，干燥，得到 5-FU-Cu-BTC 纳米粒。

（3）乙醇浓度的考察　精确称取干燥活化后的 Cu-BTC 载体 20mg，分别加入 3mg/mL 的 5-FU 50%、60%、70%、80% 和无水乙醇溶液 10mL，磁力搅拌 72h，离心，干燥，得到 5-FU-Cu-BTC 纳米粒。

3.1.3.2 响应面法优化载药方法

根据单因素考察结果，进一步对影响载药的主要因素进行优化。选取载药时间（X_1）、乙醇浓度（X_2）、药载比（X_3）3 个因素为考察对象，以载药量（Y）为评价指标，采用效应面优化设计 3 因素 3 水平进行试验，见表 3-1。

表 3-1　各因素各水平的真实值

水平数	X_1 载药时间/h	X_2 乙醇浓度/%	X_3 药载比
-1	48	70	5∶1
0	72	80	6∶1
1	96	90	7∶1

3.1.3.3 验证优化后的载药工艺

为了确定模型选择的结果与实验结果是否相符，通过进一步的实验对其可靠性进行验证，将最佳载药工艺重复制备三次，测定 5-FU-Cu-BTC 的载药量和包封率。考察工艺的稳定性。

3.2 载药金属有机骨架冻干工艺的研究

为使冻干后样品疏松,防止纳米粒聚集沉淀,需要在冻干处方中加入稳定剂。泊洛沙姆(Poloxamer)为聚氧乙烯聚氧丙烯醚嵌段共聚物,商品名为普流尼克(Pluronic)。无生理活性,无溶血性,常用作乳化剂、稳定剂、增溶剂、缓控释材料和固体分散体等。Poloxamer188(Pluronic F68)目前用于静脉乳剂,本节将其用作稳定剂,利用其表面活性剂作用形成胶团增加载体的表面溶解度,达到稳定的作用。本节主要考察冻干保护剂的选择及用量。

3.2.1 冻干曲线

冷冻干燥就是把要干燥的样品预先降温冻成固体状态,然后在真空的条件下使样品中的水分升华出来,在升华时为了增加升华速度,缩短干燥时间,必须要对产品进行适当加热。样品干燥后的总体积不发生变化,干燥后的样品疏松多孔,利于样品复溶。

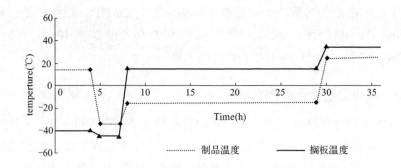

图3-1 冻干曲线

冻干曲线见图3-1,冻干过程:将样品装在安瓿瓶中,放入冰箱内 -20℃预冻24h。将样品取出放入冷冻干燥机的金属盘内,抽真空后,将搁板温度降低到 -40℃左右的温度,持续3h,待真空度达到一定数值后,升温至 -10℃,并保持25h,而后2h升温至25℃,持续5h,压塞,出箱,即得。

3.2.2 冻干保护剂的选择

本实验主要研究适合生产应用,安全系数高并且价格较低的多元醇等作为冷冻干燥保护剂。并以冻干粉针的外观,色泽为考察因素。分别考察了以葡萄糖、蔗糖、乳糖和甘露醇为冻干保护剂的样品的状态。

3.2.3 冻干保护剂的用量

本节考察了冻干保护剂的用量为 2%、4%、6%、8%、10% 时，冻干后的样品外观来评价冻干的效果。

3.3 结果和讨论

3.3.1 5-FU 方法学考察

3.3.1.1 检测波长的选择

将空白载体稀释至适宜浓度，在 200～400nm 范围内进行紫外图谱扫描，发现在 226nm 有最大吸收峰；吸取 5-FU 对照品溶液，同样在 200～400nm 范围内进行紫外图谱扫描，在 266nm 处有最大吸收峰，故选择 266nm 作为 5-FU-Cu-BTC 中 5-FU 的检测波长。

3.3.1.2 专属性考察

5-FU 的保留时间为 7.1min，空白载体中微小的杂质峰对 5-FU 色谱峰无干扰，证明此法专属性较好。

3.3.1.3 线性关系考察

以 5-FU 浓度（C）对峰面积（A）进行线性回归，标准曲线见图 3-2，回归方程为 $y=6575042x+46324.66$（$r=0.9999$），表明样品在 0.1～1.08μg/mL 浓度范围内，5-FU 峰面积与浓度呈良好的线性关系。

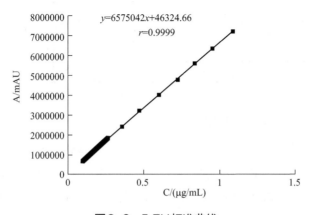

图3-2　5-FU标准曲线

3.3.1.4 精密度的测定

连续进样 6 针峰面积见表 3-2，RSD 为 1.0%，精密度良好。

表3-2　5-FU 精密度测量结果

序号	1	2	3	4	5	6
峰面积/mAu	1351086	1377501	1359715	1378835	1366784	1357893

3.3.1.5 稳定性测定

溶液稳定性测定结果峰面积见表 3-3，RSD 为 0.89%，表明溶液在 12h 内稳定性良好。

表3-3　5-FU 稳定性测量结果

时间/h	0h	2h	4h	6h	8h	12h
峰面积/mAu	13238744	13124985	13245873	13198674	13308754	13469849

3.3.1.6 重复性测定

样品重复性测定结果分别为 41.76%、41.81%、42.97%、42.73%、42.42%、43.53%，平均值为 42.54%，RSD 为 1.6%。

3.3.1.7 回收率测定

回收率测定结果见表 3-4，回收率的平均值为 98.92%，RSD 为 2.2%，结果表明回收率较高且稳定。

表3-4　5-FU 回收率测定结果

序号	1	2	3	4	5	6
测得量/μg	1.95	1.76	1.73	1.70	1.87	1.88
加入量/μg	1	1	1	1	1	1
回收率/%	100.99	95.72	99.42	97.24	101.40	98.73

3.3.1.8 样品处理条件的考察

40%、60%、80%、90% 浓度的乙醇及无水乙醇处理同一样品含量分别为 44.13%、40.11%、42.75%、37.46%、29.19%。40%、60% 和 80% 处理的结果含量相差不大，80% 乙醇处理的样品中，杂质峰少，利于测定，故选 80% 乙醇处理条件。

3.3.2 5-FU-CU-BTC 制备方法考察

3.3.2.1 单因素考察法

（1）药载比的考察 随药物比例的增加，包封率变化不大，载药量显著增加。但药载比为 6∶1 和 7∶1 时，载药量相差不大，出现饱和现象。故选择 5∶1、6∶1、7∶1 作为曲面分析中药载比的水平值。

（2）载药时间的考察 随载药时间的延长包封率和载药量都呈现先增加而后缓慢下降的趋势。且均在 4 天左右达到最高峰，故选择 2 天、3 天、4 天作为曲面分析的水平值。

（3）乙醇浓度的考察 随乙醇浓度的增加载药量呈现先上升后下降的趋势，载药量最高值应该在乙醇浓度为 70%～90%，故将 70%、80% 和 90% 设为曲面分析中乙醇浓度的考察值。

3.3.2.2 响应面法优化载药方法

（1）响应面测定结果 由单因素试验结果表明包封率和载药量趋势相似，故以载药量为指标考察考察最优载药工艺。利用 Design-Expert. Version 8.0.6 实验软件对表实验数据进行回归分析，得二次多元回归模型为：$y=6.79+0.88\times X1-1.33\times X2+1.56\times X3-1.68\times X1\times X2+1.26\times X1\times X3-1.61\times X2\times X3+2.96\times X1^2+1.50\times X2^2+2.69\times X3^2$（$P<0.05$，$R^2=0.8400$）。由拟合方程的相关系数说明设计模型拟合程度良好，可以用此模型对有机金属框架载药结果进行分析和预测，由回归系数的显著性检验可知模型中 A^2 和 C^2 项（$P<0.05$）差异显著，其他项差异不显著。

（2）响应面优化与预测 采用 Design-Expert-Version 8.0.6 实验设计软件绘制各指标与影响较显著的自变量的三维曲面图和等高线图，最终得到优化后条件为乙醇浓度为 70%；药载比为 7∶1；载药时间为 96h。

（3）验证优化后的载药工艺 按照最优载药工艺（即乙醇浓度为 70%；药载比为 7∶1；载药时间为 96h）制备三批样品，结果载药量分别为 40.23%、34.58%、38.43%。证明优化后的工艺稳定，操作简便，结果可信。

3.3.3 载药有机金属框架冻干剂型研究

3.3.3.1 冻干保护剂的选择

将乳糖、葡萄糖、蔗糖为冻干保护剂时，冻干后外观皱缩，聚集，样品粒子有粘连现象。以甘露醇为冻干保护剂时，样品表面平整，质地疏松轻脆，外观规

3.3.3.2 冻干保护剂的用量

冻干保护剂的用量 2%～10%，冻干效果均较好，故选择 2% 甘露醇为冻干保护剂最终的用量。

3.4 小结

响应面法就是通过拟合效应变量来考察因素变量的方法，其优点是可以弥补均匀设计和正交设计两种方法的不足，既可以较好地保证试验精度又可以分析各实验因素之间的相互作用，同时试验次数也较少。本章中，先用单因素考察法筛选响应面法各因素的水平值，找到最优区间，再在较小的范围内用响应面法考察因素的最优结果，最终得到优化后条件为乙醇浓度为 70%；药载比为 7∶1；载药时间为 96h。即称取干燥活化后的 Cu-BTC 框架，加入一定量 5-FU 的 70% 乙醇溶液，使药物和载体的重量比为 7∶1，磁力搅拌 96h 后，离心 10min，干燥，得到 5-FU-Cu-BTC 纳米粒。

为了提高样品的稳定性和便于给药，有必要将处于混悬状态的样品转变为固体粉末。冷冻干燥技术是将物料中的水在低温及真空条件下升华，成功的样品不失其原有的固体骨架结构，且具有良好的再分散性。本节中对载药载体冷冻干燥保护剂的选择及用量进行考察和研究。甘露醇白色针状结晶，其水溶液呈酸性同山梨糖醇为同分异构体，山梨糖醇的吸湿性很强，而该品完全没有吸湿性，甘露醇的甜味相当于蔗糖的 70%，能够溶于热水、吡啶和苯胺，不溶于醚。甘露醇的共晶点较少，药理作用比较简单，毒副作用小。因其在使用过程中安全性好，所以甘露醇不仅是临床上常用的脱水药物，在制剂中常用来作为冷冻干燥的保护剂。本节中对载药载体冷冻干燥保护剂的选择及用量进行考察和研究。结果冻干保护剂选择 2% 甘露醇溶液。

第4章

5-FU-Cu-BTC表征及体外释放动力学研究

4.1 测定方法

4.1.1 扫描电镜法

将 5-FU-Cu-BTC 扫描电镜图谱与原图谱对比，观察载体形态。加速电压：15～30kV；放大倍数：4万到8万倍。

4.1.2 粉末X射线广角衍射测定法

仪器参数：阳极，铜旋转阳极；滤波，石墨单色器；阳极波长，1.5418A；探测器，闪烁计数器SC；测试功率，管电压，40KV；管电流，50mA；测试狭缝，1°；扫描速度，5°/分；取数间隔，0.02°；扫描范围，5°～80°。

操作过程：将样品研磨成适合衍射实验用的粉末（320目，40μm），加无水乙醇作为黏合剂，压成面积不小于 10mm×10mm 的平整的平面试片。将药物、空载体及载药载体分别用粉末 X 射线测定法测定，比对谱图的差别。

4.1.3 粉末X射线小角衍射（SAXS）的检测

仪器参数：阳极，铜旋转阳极；滤波，石墨单色器；阳极波长，1.5418A；探测器，闪烁计数器SC；测试功率，管电压，40KV；管电流，50mA；测试狭缝，1°；扫描速度，5°/分；取数间隔，0.02°；扫描范围，0.5°～5°。

操作过程：将样品研磨成适合衍射实验用的粉末（320目，40μm），加无水乙醇作为黏合剂，压成面积不小于 10mm×10mm 的平整的平面试片。测定空载体及载药载体的小角衍射图谱。

4.1.4 差示扫描量热分析（DSC）

仪器参数：氮气流量，20mL/min；温度范围，0～450℃；升温速度，10℃/min；时间，40min。

操作过程：精密称量 5-FU-Cu-BTC 样品 10mg 样品平铺于坩埚中，使之与底面紧密接触，用镊子夹取放置于仪器内测试，记录升温曲线。

4.2　5-FU-Cu-BTC 体外释放的研究

本章中体外释放实验的目的是评价载药载体的质量并预测其体内效应。因此，体外释放的条件应该尽可能模拟体内环境，所选择的实验方法和条件也应尽可能满足体内外相关性的这一基本原则。目前常用的测定体外释放的方法有经典法、透析法、室扩散法、流池法、基于体外脂解模型的体外释放研究方法等。

透析法中较常用的有正向动态透析法和反向动态透析法两种。正向动态透析法，简称动态透析法，是借助能截留一定分子量的透析袋或者透析管，将纳米粒分散在少量的释放介质并密封于透析袋中，然后将透析袋置于一定量的释放介质中，按照一定的时间间隔取出一定量释放介质，同时补充等量空白释放介质，通过测定药物累积释放量来研究药物的体外释放行为的方法。该方法有利于透析膜外介质的交换，可避免样品处理过程中纳米粒的损失和释放介质 pH 的改变。

反向动态透析法也是将药物与释放介质直接接触的一种释放方法，纳米粒与释放介质之间没有任何人工膜隔开，纳米粒的巨大表面积与释放介质直接接触，可以更好地模拟体内环境。反向动态透析技术优势在于纳米粒胶体溶液得到最大限度的稀释，并使系统达到平衡。

正向动态透析法虽然操作简便，但在透析袋中混悬液没有得到最大程度的稀释，纳米粒溶液未处于完全的漏槽状态，因而影响其释药行为。反向动态透析法弥补了这一不足，纳米粒溶液得到最大限度的稀释，缺点是不能自动调节释放介质，即只能通过人工方法来替换释放介质，操作复杂易造成实验误差。

本文通过对比正向和反相两种透析方法，考察 5-FU-Cu-BTC 的释放效果。

4.2.1　5-FU 标准曲线的绘制

精密称取 5-FU 对照品 11.30mg 置于 50mL 容量瓶中，加 80% 乙醇溶解并稀释至刻度，作为储备液。精密吸取 1mL 储备液于 100mL 容量瓶中，加 80% 乙醇稀释，制得浓度为 0.0090μg/mL、0.0136μg/mL、0.0181μg/mL、0.0226μg/mL、

0.0271μg/mL、0.0339μg/mL 的 5-FU 系列标准溶液，备用。吸取 10μL 进高效液相色谱仪测定，以 5-FU 的量对峰面积进行线性回归。

4.2.2 透析袋的处理及使用

由于透析袋出厂前都用 10% 的甘油处理过，故含有极微量的硫化物、重金属和一些具有紫外吸收的杂质。这些杂质对实验结果会产生影响，故用前必须除去。本节中先用 50% 乙醇煮沸 1h，再用 50% 乙醇、0.01mol/L 碳酸氢钠和 0.001mol/L EDTA 溶液依次洗涤，最后用蒸馏水冲洗，备用。50% 乙醇处理可除去具有紫外吸收的杂质。使用后的透析袋经蒸馏水冲洗后可存于 4℃蒸馏水中。洗净晾干的透析袋弯折时易裂口，临用前须仔细检查。透析袋使用前，用沸水煮 5～10min，再用蒸馏水洗净，即可。

4.2.3 释放条件的选择

释放条件主要指进行体外释放研究时的释放温度、搅拌速度及释放介质。对于释放温度，《中国药典》规定，缓控释制剂模拟体温应控制在 37℃±1℃。搅拌速度通常为 50～100r/min，本章设定为 100r/min。《中国药典》规定，释放介质以脱气的新鲜纯化水为常用释放介质或 pH 7.4 的磷酸盐缓冲液（PBS）。本文考察了将水和 PBS 作为释放介质的正向动态透析法的释放情况。

实验中，将 5mg 5-FU-Cu-BTC 分散在 5mL 水（PBS）中，置于透析袋中，尼龙绳扎紧，置于盛有 50mL 水（PBS）的玻璃容器中，37℃±1.0℃，100r/min 水浴振荡。定时取样。

4.2.4 5-FU 在释放介质中稳定性考察

用水（PBS）作为释放介质，将一定浓度的 5-FU 样品溶液置于释放介质中，测定其在 0～48h 之间的样品浓度，考察 5-FU 在释放介质中的稳定性。

4.2.5 正向动态透析法

将适量 5-FU-Cu-BTC 分散在 5mL 释放介质中，置于透析袋中，尼龙绳扎紧，置于盛有 50mL 释放介质的玻璃容器中，37℃恒温水浴振荡器中振摇（100r/min）。分别于一定时间吸取 2mL 透析外液，并及时补充等量同温的新鲜释放介质。取出的透析外液以 HPLC 法测定释放介质中的药物含量，计算各时间点的累积释放率。以累积释药百分率对时间作图，绘制载药纳米粒的释放曲线。在各时间点的累积释放百分率（Q）计算公式为：

$$Q(\%) = \left(V_0 \cdot C_t + V \cdot \sum_{n=1}^{t-1} C_t \right) \cdot 100\% \cdot W^{-1}$$

式中，C_t 为各时间点测得释放介质中的药物浓度（mg/mL），W 为投入药物的总重量（mg），V_0 为释放介质的总体积，V 为每次取样体积。

4.2.6 反向动态透析法

将适量 5-FU-Cu-BTC 加入到 50mL 的释放介质中，将多个透过面积大小相等的透析袋中装入空白释放介质 2mL，两端扎紧后同样加入到释放介质中，37℃恒温水浴振荡器中振摇（100r/min），定时取出 1 个透析袋，同时向透析袋外液中补充等量的空白释放介质。分别测定各个取样点透析袋内液中的药物含量，计算累积释药率。计算公式与正向动态透析法相同。

4.3 结果

4.3.1 5-FU-Cu-BTC 的表征

4.3.1.1 扫描电镜观察 5-FU-Cu-BTC 的形态

载药后载体大小及形态无明显改变，说明载药过程对载体形态无影响。

4.3.1.2 粉末 X 射线法

药物峰于相应位置和载体峰重叠，未发现不同之处。证明药物应包封在载体的孔道内。

4.3.1.3 粉末 X 射线小角衍射（SAXS）

X 射线小角衍射原理为：当 X 射线照到样品上，如果样品内部存在纳米尺寸的密度不均匀区（1～100nm），则会在入射 X 射线束周围 2°～5° 的小角度范围内出现散射 X 射线。此法常用于证实材料中多孔的存在。材料中的孔在载药后消失，即药物进入载体的孔道内。

4.3.1.4 差示扫描量热分析（DSC）

载药前和载药后 DTA 曲线相似，均在 337.5℃时开始分解。5-FU 在 272℃时开始分解，而载药后 DTA 曲线并未发现相应的峰值，原因可能是 5-FU 包封于 Cu-BTC 载体的孔道中，产生的热量相互抵消所致。实验证明，载药过程对纳米有机金属骨架的热稳定性不产生影响。

4.3.2 5-FU-Cu-BTC 的体外释放研究

4.3.2.1 5-FU 标准曲线的绘制

以 5-FU 浓度（C）对峰面积（A）进行线性回归，回归曲线见图 4-1，回归方程为 $y=2008002x-5873.61$（$r=0.9999$），表明样品在 $0.0045\sim0.045\mu g/mL$ 浓度范围内，5-FU 峰面积与浓度呈良好的线性关系。

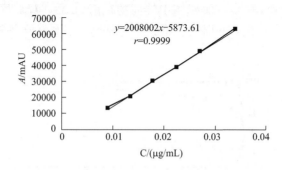

图 4-1　5-FU 标准曲线

4.3.2.2 释放介质的选择

两种释放介质测定结果表明：5-FU 在水和 PBS 中均释放较好，由于 PBS 中，pH 相对稳定，故选择 PBS 作为释放介质。

4.3.2.3 5-FU 在释放介质中稳定性考察

由 5-FU 在释放介质中稳定性考察结果表明：5-FU 在 PBS 中含量几乎没有变化，48h 内稳定性较好。

4.3.2.4 正向动态透析法（dialysis method，DM）

如图 4-2 所示，前 1h 中，游离药物的释放度达到 83%，但载体中药物的释放度为 52%；游离的药物在 6h 时，溶出度达 90% 左右，基本释放完全。而载体中的药物在 4h 时，释放度在 56% 左右；在 6h 时，释放度为 60%，在 48h 以后，释放度为 82%。基本释放完全。

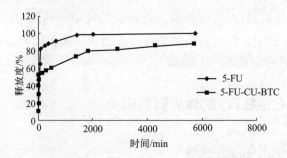

图4-2　5-FU药物和载药Cu-BTC的正向透析法体外释放曲线

4.3.2.5　反向动态透析法（reverse dialysis method，RDM）

如图4-3所示，前1h中，游离药物的释放度达到85%，2h后，溶出度达90%左右，基本释放完全。而载体中的药物在前1h后，释放度达57%，4h时，释放度在65%左右；在48h以后，释放度为86%。基本释放完全。

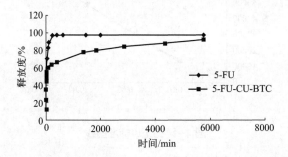

图4-3　5-FU药物和载药Cu-BTC的反向透析法体外释放曲线

4.3.2.6　释药动力学探讨

将正向透析法和反向透析法分别以零级动力学方程、一级动力学方程和Higuchi方程对上述两种方法测得的体外释药数据进行拟合，所得到的回归方程见表4-1。结果表明，两种方法测得的数据均较符合一级动力学方程，R^2分别为0.980和0.980。两种方法释放曲线均显示出在刚开始的1h表现为突释，这是由于吸附在载体表面的药物扩散进入释放介质所致，随后出现平稳的释放效果。

表4-1　释放方程及相关系数

方法	方程	公式	R^2
DM	零级动力学方程	$y=0.869x+34.40$	0.804
	一级动力学方程	$y=18.25\ln(x)+10.09$	0.980
	Higuchi方程	$y=17.95x^{0.403}$	0.867
RDM	零级动力学方程	$y=0.833x+41.13$	0.777
	一级动力学方程	$y=17.81\ln(x)+17.08$	0.980
	Higuchi方程	$y=23.59x^{0.346}$	0.866

4.4 小结

研究表明，药物缓控释释放机制大致可分为三种：第一种是材料降解控制释放机制，即包埋在某种可生物降解载体内的药物，随着载体的不断降解，药物也被不断释放出来。此机制中，材料的降解速度决定了药物的控制释放速度。第二种是扩散释放机制，此机制的前提是载体内的药物浓度高于人体内的药物浓度，此时，载体内的药物不断向人体内扩散。释放初期，药物的扩散释放速度较快。随着载体内的药物浓度逐渐降低，药物释放速度也越来越慢。另外，有些释放体系同时存在上述两种释放机理。第三种是应答控制释放。如 pH 敏感型水凝胶和温度敏感型水凝胶药物释放体系的释放机理就属于这一类。

本章中释药机制较复杂，很多因素影响 5-FU 从 Cu-BTC 载体中释放，包括载体表面吸附的药物的解析，药物从载体内扩散及载体的侵蚀过程。释放速率取决于载体在缓冲液中的侵蚀、成分从表面或微孔中扩散及成分的解吸附和向外扩散的速度等。本章体外释放实验通过对比正向动态透析和反相动态透析两种方法测定，结果两种测定方法释放曲线形态相似，测定的数据均符合一级动力学方程，测定结果表明 5-FU-Cu-BTC 具有一定的缓释效果。此外，通过对比载药前后扫描电镜图谱和 XRD 图谱可知，载药过程对载体形态、官能团及结构均无影响。XRD 小角衍射结果证明药物载入载体孔道中。差示扫描量热法中 DTA 曲线证明载药过程对纳米有机金属骨架的热稳定性不产生影响。

第5章

5-FU-Cu-BTC细胞毒性和细胞摄取的研究

5.1 载药金属有机骨架体外细胞毒性的研究

本研究中采用四唑盐比色法（MTT法）测定体外细胞毒性，四唑盐比色试验是一种检测细胞存活和生长的方法，简称为MTT法。MTT试剂是灰黄色物质，被活细胞线粒体中的琥珀酸脱氢酶还原为难溶性的蓝紫色结晶物质FormaZan并沉积在细胞中，FormaZan溶解于二甲基亚砜（DMSO）中变成紫红色溶液，其颜色与活细胞成正比，因此用酶联免疫检测仪测定光吸收值就可以间接反映活细胞数量。

5.1.1 药物及载体溶剂的配制

Cu-BTC溶液的配制：取冻干Cu-BTC载体适量（相当于Cu-BTC 10mg），加入1640培养基配成Cu-BTC浓度为2mg/mL的贮备液，备用。

5-FU药物溶液的配制：取5-FU适量，加入1640培养基配成药物浓度为1mg/mL的贮备液，备用。

5-FU-Cu-BTC溶液的配制：取冻干5-FU-Cu-BTC适量，加入1640培养基配成5-FU-Cu-BTC浓度为1mg/mL的贮备液，备用。

5.1.2 细胞培养及传代

HepG2细胞培养采用10%胎牛血清、1%双抗的1640培养基，在37℃、5% CO_2、湿度恒定的培养箱中培养，每24h换液一次，当细胞生长到80%～90%时传代，传代比例为1:3。

传代时吸弃旧培养基，用温PBS漂洗一次，吸净PBS后加入胰蛋白酶2mL，置室温下消化 2~3min。消化时在光镜下观察细胞,待其变圆,相互间缝隙变大,而未脱壁时加入含小牛血清的新鲜培养基终止消化,反复吹打细胞成细胞悬液,移入无菌离心管中,1000r/min 离心 3min 后,弃去上清液,重新加入新鲜培养基制成细胞悬液,接种于细胞培养瓶中。

5.1.3 细胞形态学观测

实验分组:阴性对照组,HepG2 细胞和常规培养基;Cu-BTC 组,将 50μg/mL Cu-BTC 常规培养基溶液加入到 HepG2 细胞中;5-FU-Cu-BTC 组,将 50μg/mL 5-FU-Cu-BTC 常规培养基溶液加入到 HepG2 细胞中。

实验过程:收集对数生长期 HepG2 细胞,用胰酶消化成单细胞悬液,计数后调整细胞密度,接种于 6 孔板中。CO_2 培养箱培养 24h。待细胞进入对数生长期后,将培养基换成上述阴性组、Cu-BTC 组及 5-FU-Cu-BTC 组,继续培养 12h 和 48h 后终止培养,弃去旧培养基。HE 染色,倒置显微镜观察细胞形态并拍照。

5.1.4 细胞抑制率的测定

试剂配制:5-FU 药物组,将 5-FU 加常规培养基配制成 1000μg/mL、500μg/mL、250μg/mL、125μg/mL、62.5μg/mL、31.25μg/mL、15.625μg/mL、7.8125μg/mL 8 个浓度组;Cu-BTC 组,将 Cu-BTC 加常规培养基配制成 800μg/mL、400μg/mL、200μg/mL、100μg/mL、50μg/mL、25μg/mL、12.5ug/ml、6.25μg/mL 8 个浓度组;5-FU-Cu-BTC 组,将 5-FU-Cu-BTC 组加常规培养基配制成 1000μg/mL、500μg/mL、250μg/mL、125μg/mL、62.5μg/mL、31.25μg/mL、15.625μg/mL、7.8125μg/mL 8 个浓度组;5% MTT 溶液,取 MTT 适量,加常规培养基吹打至全部溶解,用孔径 0.22μm 的一次性针头滤器过滤除菌,4℃避光保存,保存时间不超过两周。

实验过程:收集对数生长期 HepG2 细胞,用胰酶消化成单细胞悬液,计数后调整细胞密度,接种于 96 孔板中,每孔 100μL,设空白组。CO_2 培养箱培养 24h。待细胞进入对数生长期后,将培养基换成上述任意 8 个浓度的样品组,每个浓度设 6 个复孔,并设有对照组,继续培养 24h 和 48h 后终止培养,弃去旧培养基。进行 MTT 操作。

MTT 比色法:HepG2 细胞经预处理后,每孔加入 20μL MTT 溶液(5mg/mL,溶于常规培养基中)进行显色反应。37℃下孵育 4h 后,可见紫色甲臜颗粒,小心吸弃孔内上清液,每孔加 200μL DMSO。室温放置,振荡均匀,镜下观察紫色结晶物颗粒基本溶解。96 孔板置于酶标仪上,以空白对照孔调零,测 492nm 波长处阴性对照组及各干预组的吸光度(A)值。

计算方法：根据 A 值计算药物对肿瘤细胞生长抑制率。以药物浓度为横坐标，细胞生长抑制率为纵坐标，绘制剂量—效应关系的量效曲线。细胞生长抑制率计算公式如下：

存活率 =（实验平均 A 值 – 调零孔 A 值）/（对照组平均 A 值 – 调零孔 A 值）× 100%

抑制率 =100%– 存活率

5.2 载药荧光金属有机骨架的制备

取 FITC 约 10mg 加无水乙醇溶解至 10mL 容量瓶中后，加 20mg 5-FU-Cu-BTC，常温避光磁力搅拌 4h。12000r/min 离心 10min，沉淀用无水乙醇洗涤 2 次，减压干燥，既得载有 FITC 的 5-FU-Cu-BTC 样品。

5.2.1 荧光显微镜法定性测定载药荧光金属有机骨架的细胞摄取

将已灭菌的盖玻片置于 6 孔细胞培养板中，取指数生长期细胞 5×10^4 个 /mL 接种于 6 孔培养板上（2mL/ 孔），于 37℃、5% CO_2、95% 相对湿度条件下培养过夜。细胞贴壁长成单层后，分别加入两种浓度的载药载体悬液（高浓度组：2mg/mL；低浓度组：20μg/mL）继续培养 1.5h。PBS 轻轻漂洗 4 次，于荧光显微镜下观察并拍照。另取未加 5-FU-Cu-BTC 悬液的细胞作为空白组，加 FITC 溶液培养 1.5h 作为阳性对照组。

5.2.2 流式细胞仪定量测定细胞摄取率

细胞摄取的范围用流式细胞仪进行定量分析。荧光的强度用流式细胞分析仪测量，选用与 FITC 的激发波长相近的激发波长范围。在试验的前一天，把 1×10^6 个细胞播撒在 12 孔细胞培养板上。每孔里加 1mL 的 FITC- 载药载体混悬液，温育 24h。将每个孔中加入消化液，消化后加入大量 PBS 于离心管中，离心 3min，除去上清液，再加入大量 PBS 重复上述操作过程。除去可能未被细胞吞噬的荧光物质和消化液。加入 1mL PBS，置成悬浮液于 EP 管里，并用流式细胞分析仪分析。把未被处理的细胞当做空白对照组。通过测量增加的平均荧光强度来判断每一批的 FITC- 载药载体在细胞内传递的效率。每次分析都进行三次独立性试验和三次重复性试验。

5.2.3 样品浓度对细胞摄取率的影响

实验分组：空白对照组，未处理的细胞；实验组，将浓度为 20μg/mL、200μg/mL 和 2mg/mL 的 FITC 载药载体加入到细胞中，37℃温育 24h。

实验过程：细胞摄取的范围用流式细胞术定量分析。荧光的强度用流式细胞分析仪测量，选用与 FITC 的激发波长相近的激发波长范围。在试验的前一天，把 1×10^6 个细胞播撒在 12 孔细胞培养板上。每孔里加 1mL 的样品混悬液，温育 24h。在温育之后，用 1mL PBS（pH=7.4）清洗 3 次，并用胰蛋白酶消化后，加 1mL PBS 把纳米粒从孔里分离出来。并用流式细胞分析仪分析。把未被处理的细胞和用 FITC 溶液处理的细胞分别被当做阴性对照和阳性对照。通过测量增加的荧光强度来判断每一批的纳米粒在细胞内传递的效率。

5.2.4 孵育温度对细胞摄取率的影响

将两份 12 孔培养板中的细胞贴壁生长后，分别加入 FITC 载药载体溶液（终浓度为 2mg/mL），分别在 4℃和 37℃孵育 4h，用 PBS 冲洗细胞 3 次，流式细胞仪测定，考察孵育温度对细胞摄取的影响。

5.2.5 孵育时间对细胞摄取率的影响

将两份 12 孔培养板中的细胞贴壁生长后，分别加入 FITC 载药载体溶液（终浓度为 2mg/mL），分别在 37℃孵育 4h 和 24h，用 PBS 冲洗细胞 3 次，流式细胞仪测定，考察孵育时间对细胞摄取的影响。

5.3 结果和讨论

5.3.1 细胞形态学观测

5.3.1.1 倒置显微镜观察

未加药的 HepG2 细胞具有典型的癌细胞形态学特征。50μg/mL Cu-BTC 及 5-FU-Cu-BTC 作用 48h 后，细胞密度明显降低，残留细胞的胞质明显减少，胞核固缩。

5.3.1.2 HE 染色观察

阴性对照组：HepG2 细胞具有癌细胞的典型形态学特征。细胞形态基本一致，呈多边形。细胞核大小不一，呈圆形、卵圆形，核浆比例高，核仁增多且清晰，细胞生长活跃。

Cu-BTC组（Cu-BTC：50μg/mL）：细胞生长受到一定程度的抑制。胞核状态与阴性对照组尚未见明显区别。

5-FU-Cu-BTC组（5-FU-Cu-BTC：50μg/mL）：细胞数量明显减少。大多数细胞体破裂，无胞质。残留的细胞核固缩、碎裂、溶解。

5.3.2 细胞抑制率测定

各组MTT检测结果表明，5-FU组、Cu-BTC组和5-FU-Cu-BTC组在同一时间点（24h和48h）与阴性对照组相比，A值差异均有统计学意义（$P<0.05$）。Cu-BTC在浓度为62.5μg/mL时，细胞生长抑制率分别为31.66%和51.07%；5-FU组在相同浓度时，细胞生长抑制率分别为31.05%和53.06%；5-FU-Cu-BTC组在相同浓度时，细胞生长抑制率分别为81.76%和97.02%；可见，三组作用相同时间和相同浓度时，5-FU组和Cu-BTC组细胞生长抑制率相似，而5-FU-Cu-BTC组细胞生长抑制率明显高于另两组。48h后，三组的量效曲线图见图5-1，由曲线拟合后的公式算出三组IC_{50}值分别为5-FU组73.995μg/mL；Cu-BTC组72.748μg/mL；5-FU-Cu-BTC组5.659μg/mL。

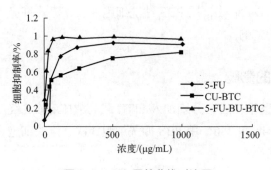

图5-1 48h量效曲线对比图

5.3.3 荧光倒置显微镜定性测定载药荧光金属有机骨架的细胞摄取

空白细胞组无荧光产生。FITC组和FITC-载药载体组与细胞共同孵育1.5h后均能显示出荧光，其中低浓度的FITC-载药载体组显示出明显的点状荧光物；高浓度的FITC-载药载体组显示出明显的片状荧光聚集物，表明细胞吸收的载药载体的量随浓度的增加而增加。

5.3.4 流式细胞仪定量测定细胞摄取率

进样后可以看到细胞的数目随着时间的增加而不断增多。未吞噬的细胞则聚集在离横轴零点不远的位置，M1区域为根据空白图谱设置的区域，区域内细胞越多说明细胞对荧光物质的摄取率越高。

5.3.4.1 样品浓度对细胞摄取率的影响

不同浓度的样品流式细胞仪数据可知区域内细胞数随样品浓度的增加而增多，即细胞对样品的摄取量与样品的浓度呈正比。

5.3.4.2 孵育温度对细胞摄取率的影响

不同孵育温度下，细胞摄取率发生变化，温度越低细胞摄取率越低。4℃是一个低能量培养条件，此时细胞处于"休眠"状态，细胞摄取率较低，表明该过程需要消耗能量。

5.3.4.3 孵育时间对细胞摄取率的影响

不同孵育时间对细胞摄取率不同，随孵育时间的增加，细胞摄取率略有增加，但变化不大。由此推测细胞摄取具有饱和现象。

5.4 小结

肝癌的发病率在肿瘤的发病率中位居第三，是最常见的实体器官恶性肿瘤之一。HepG2 细胞系高度分化的肝癌细胞株，生物学特性与正常肝细胞相近，常用于体外肝细胞凋亡的实验研究。为了研究金属有机骨架对肝癌的治疗效果及机制，本章中通过 MTT 法测定 5-FU-Cu-BTC 对肝癌细胞系 HepG2 细胞的毒性。结果表明，Cu-BTC 的毒性和 5-FU 药物的毒性相当，5-FU-Cu-BTC 毒性较高。

荧光标记技术可简单快速地进行细胞摄取的定性、定量研究。本章采用物理包裹荧光物质的方法，将荧光物质 FITC 包裹于金属有机骨架的孔道内，制成 FITC-5-FU-Cu-BTC。用荧光倒置显微镜测定细胞对 FITC-5-FU-Cu-BTC 的摄取，并用流式细胞仪测定细胞摄取量确定细胞摄取的影响因素，并推断细胞的摄取机制。由荧光倒置显微镜测定图谱可知，5-FU-Cu-BTC 可被细胞吸收，并随着样品浓度的增加细胞摄取的量明显加大。由流式细胞仪测定数据可知，FITC-5-FU-Cu-BTC 细胞摄取过程呈饱和性和温度依赖性，初步推测 FITC-5-FU-Cu-BTC 是通过内吞途径被细胞摄取的。

纳米金属有机骨架是一类新型的载体材料，其安全性和有效性还在进一步验证中。本章所研究的 Cu-BTC 载体体外细胞毒性实验表明其毒性与 5-FU 药物毒性相当。故今后的研究中，我们将把有一定毒性的铜金属换成毒性较低的锌金属，并增加其肿瘤细胞靶向性。使其安全性和有效性进一步提高。由于中药多成分的载入对载体载药量要求较高，故纳米金属有机骨架中有序的孔状结构和较高的载药量将为中药多成分的载入带来新的希望。

第2篇

中药纳米递药系统

第6章

概　述

6.1　中药纳米递药系统研究现状

纳米递药系统载带药物后，可改变药物在体内组织的分布，大大提高药物疗效，降低毒副作用，实现靶向性、缓控释性等优势。因此，纳米递药系统在药学领域中的应用已展现出巨大的潜力，尤其是在化学药物和生物技术药物方面研究报道的国内外文献较多。中药纳米递药系统研究起步较晚，基础理论较少，将中药单体活性成分包载在纳米递药系统中的研究与中药多成分相比相对较多，而将中药多成分按一定比例、高效、高包封率、高载药量及高重现性的包封研究报道更屈指可数。中药有效成分、有效部位及中药复方提取物的纳米递药系统是纳米中药研究的核心内容，是未来纳米中药研究的主攻方向。

6.1.1　中药单成分纳米递药系统研究现状

当前，中药纳米递药系统的研究大多集中在单体有效成分方面，主要是因为有效成分为单体化合物，物理化学性质明确，其制备成纳米粒的影响因素较少，易于制成。研究显示中药单体有效成分纳米包封与载体材料、乳化剂、稳定剂和制备方法存在密切相关性；靶向性、缓释性与纳米递药系统的载体、粒径的大小、Zeta 电位和表面性质等因素有关。如以多西他赛（多西紫杉醇）为模型药物，采用 PEG-b-PLA 为载体材料制备奥曲肽修饰的聚合物胶束，结果显示，受体介导的胞吞作用有效提高细胞摄取率，抑制肿瘤生长，且无严重的细胞毒性。Zhang 等选择了单硬脂酸甘油酯为固体脂质，Miglyol812 为液体脂质，成功制备了载有抗疟疾药物二氢青蒿素（DHA）的 NLC，其对 DHA 的包封率和载药量较高，分别为 98.97% 和 15.61%。施斌等选以 PEG-PHDCA 为纳米载体材料，制备的隐形纳米囊明显优于原药及未经 PEG 修饰的纳米囊，具有最好的肿瘤靶向作用。杨凯等以抗癌药物葫芦素为模型药物，采用乳化 - 溶剂挥发法制备了平均粒径为 85nm 的葫芦素 PLA 纳米粒，靶向性良好，并延长药物持续时间，提高疗效，降低药物的不良反应。孙红武等以用小檗碱、豆蔻酸异丙酯及聚氧乙烯蓖麻油等原辅料，制备出盐酸小檗碱纳米乳，可显著增加其生物利用度。孙洁胤等采用乳化蒸发法制备苦参素固体脂质纳米粒并给大鼠尾静脉注射，纳米粒明显改变了苦参素的药动学行为，减慢了消除，延长了苦参素在血液和肝脏中的滞留时间，具有明显肝靶向性。

6.1.2　中药多成分纳米递药系统研究现状

对于中药而言，真正有意义的是中药有效部位、中药及其复方提取物纳米递药系统的研究，因为其才能真正体现中药"多成分、多途径"的特点和"协同作用"的中医治疗思想，在临床应用中更加广泛。

迄今，中药多成分纳米递药系统研究成果虽然较少，但对结构类似中药多成分纳米包封的研究正在国内外悄然兴起。为延长银杏内酯在血液中的循环时间及提高生物利用度，张志荣等制备四种结构类似银杏内酯类成分的 PELGE 纳米粒，平均粒径为 123～131nm，各成分包封率存在一些区别，与银杏内酯原料药相比，纳米粒中四种成分比例改变，其释放行为、在体内的药物动力学过程也发生了一些变化。Limei 等采用共沉淀法成功制备了可供注射的四种不同银杏叶提取物 PELGE 纳米给药系统。结果显示，PELGE 纳米粒是一种很有前途的载体系统，可使中草药包含多成分同步释放，并可明显延长半衰期。罗杰英等采用山嵛酸甘油酯 ATO、注射用大豆磷脂、泊洛沙姆 188 等辅料，以冷 - 均质法成功制备了蟾酥中华蟾酥毒基、脂蟾毒配基 - 固体脂质纳米粒，粒径较小（平均粒径为 71nm）、包封率高（92.45%）、载药量为 5.26%，纳米粒的外观形态、再分散性和靶向性均良好。Song 等制备了一种双载硫酸长春新碱（VCR）和槲皮素（QC）PLGA 纳米粒，制得的纳米粒球形，平均粒径为 139.5nm±4.3nm，平均包封率 VCR 为 92.84%±3.37%，QC 为 2.66%±2.92%。Wang 等将多柔比星与紫杉醇同时包载于 mPEG-PLGA 纳米给药系统中，显示可控的粒径分布，该多成分纳米粒较单一成分而言更有效地抑制了肿瘤扩散，具有优良的协同性，且当多柔比星与紫杉醇比例为 2∶1 时，则可以最大程度抑制肿瘤生长。王海鸥等采用乳化溶剂挥发法制备同时载长春新碱 / 姜黄素 mPEG-PLGA 纳米粒，提高了化疗药长春新碱在肿瘤细胞内的蓄积浓度，有效抑制肿瘤生长，且两药联用可逆转肿瘤细胞的多药耐药性。与对应的原料药相比，纳米粒中两药均具有缓释效果。Marian E 等采用纳米沉淀法成功制备同时载有胡萝卜素和 Au 的聚乙二醇 - 己内酯纳米粒，粒径可在 75～275nm 调整，粒度分布窄，包封率高，预计这项技术可以应用于各种疏水活性化合物、荧光染料和无机纳米结构的联合药物治疗与多通道成像应用。以上文献报道的研究成果，为同类中药多成分的纳米递药系统的进一步研究提供了科学的实验依据，亦为中药及其复方提取物纳米递药系统的研究奠定了基础。

6.1.3 组织分布影响因素

纳米粒表面特性和粒径大小决定了血液中蛋白在纳米粒表面的吸附、调理作用以及随后巨噬细胞的吞噬，从而影响纳米粒在体内的循环时间和组织分布。而纳米药物选择性分布，在促进药物定位释放，高效减毒方面具有独特优势。

6.1.3.1 粒子大小

纳米粒的粒径大小与靶向密切相关，尤其是未经修饰的纳米粒（属于被动靶向制剂）影响较大，其进入体内后被巨唾细胞摄取，运送至肝、脾等器官。通常粒径为7～30μm的粒子被肺机械性截留，100～200nm的纳米粒易被RES摄取后从血中迅速清除，最后到达肝脏的库普弗细胞溶酶体；更大的纳米粒很快被网状内皮系统吞噬而从血液中消除，到达网状内皮细胞丰富的肝、脾组织；50～100nm的粒子可进入肝实质细胞；小于50nm的粒子能穿透肝、胰、肠、胃的毛细管内皮，或经过淋巴传递到脾脏和骨髓细胞，甚至可通过血脑屏障进入脑组织；小于10nm的粒子则缓慢的积集于骨髓。Qussoren等肌内注射40nm的脂质体可实现淋巴靶向，而较大的粒子滞留在注射部位。腹膜内注射48～720nm的脂质体时，小粒径的粒子在淋巴结组织直接吸收，大粒径的粒子要通过物理滤过被吸收；流经淋巴管时，被巨噬细胞吞噬，达到淋巴靶向的目的。Claudin等研制了平均粒径约500nm的布地奈德纳米悬浮液，肺吸入后发现易被肺组织滤泡机械截留，起到肺靶向性作用，增强疗效。Marie等证实小于300nm的PLGA纳米粒可以进入细胞内，且大部分纳米粒子聚集在细胞核周围。

6.1.3.2 表面性质

纳米粒的表面带正电荷则易被肝脏吞噬，带负电荷则更易被肺吞噬。一般情况下，具有极性的微粒是不易被吞噬的，Zeta电位值越高，被吞噬的就越少。Biggers等测定聚苯乙烯纳米粒的Zeta电位为-14mV时，与血浆蛋白的相互作用最强。

表面具有亲水性的纳米粒在血液中循环时间长。Aggarwal等研究表明，未修饰的纳米粒，主要靶向于肝和脾；PEG修饰的纳米粒，可长循环于血液中；经过聚山梨醇酯改性的纳米粒，可以通过血脑屏障而选择性靶向于脑部。静脉注射Polysorbate80包裹的Dalargin纳米粒，脑组织药物浓度明显高于其他试验组。Li

等研究发现，聚乳酸-羟基乙酸共聚物（PLGA）携载的药物给药 3h 后主要分布在肝、脾、肺和肾组织，血药浓度很低，12h 后 PLGA 携带的药物从所有器官中被清除。相反，mPEG-PLGA 携载的药物在血液中的含量明显高于 PLGA 携载带药物。Giband 等静注聚氰基丙烯酸酯纳米粒后发现主要被骨髓中吞噬细胞捕获，获得较高的骨髓药物浓度、作用时间明显增加。这表明选择恰当的聚合物，可以获得不同的靶向效果。

有学者以 mPEG-PLGA 嵌段共聚物为纳米载体材料，以香豆素-6 为荧光标记物，采用纳米沉淀法和乳化-溶剂挥发法成功制备了不同理化性质的 mPEG-PLGA 纳米粒及壳聚糖修饰的 PLGA 纳米粒，得到的纳米粒分散均匀，PLGA 纳米粒的表面为负电荷，经 mPEG 修饰后纳米粒的 Zeta 电位接近电中性，壳聚糖修饰后的纳米粒的表面带正电荷。在鼻黏膜的转运能力由高到低依次为 mPEG-PLGA 纳米粒、CS-PLGA 纳米粒及 PLGA-NPs（$P<0.05$），并且增加 mPEG 相对分子质量和覆盖密度，纳米粒的粒径增大，在鼻黏膜的转运能力亦增强。揭示 mPEG-PLGA 纳米粒在大鼠鼻黏膜的转运能力与纳米粒表面亲水性、Zeta 电位及粒径大小是密切相关的。

由上述可知，中药多成分纳米递药系统具有一定的可实现性。在已有的研究中，纳米递药系统种类主要包括高分子纳米粒、纳米脂质体、固体脂质纳米粒、纳米磁球、聚合物胶束和微乳等，其中最引人瞩目的是高分子纳米粒的研究。高分子纳米递药系统常用的载体材料是生物可降解聚合物，主要是因为这类载体材料在体内易被清除，毒副作用小，并能稳定地、缓慢地将药物释放出来，具有较强的靶向性。而在这些聚合物当中，尤其引人注目的是具有两亲性的嵌段共聚物。

6.2 mPEG-PLGA 嵌段共聚物纳米递药系统研究现状

嵌段共聚物是一种粒径在 50～100nm 之间新型纳米递药系统，由亲水片段和疏水片段组成而具有典型核-壳结构，其亲水性片段向溶液外部排列形成外壳，而疏水性片段向溶液内部排列形成内核，药物可以通过不同的机制包埋于核-壳中，外壳的亲水性使其具有在体液中稳定地存在。在众多的生物可降解材料中，亲水性的聚乙二醇（PEG）和疏水性的聚乳酸-羟基乙酸（PLGA）具有无免疫原性，良好的生物相容性，来源广泛，均已经商品化及已被美国 FDA 批准应用于临床使用。当前，由二者形成的 mPEG-PLGA 嵌段共聚物已被广泛用作药物载体材料。因此可以通过调节 PLGA 与 PEG 的比例，通过缩合共聚法或开环聚合法得到不同分子量及性质的 mPEG-PLGA 两亲性嵌段共聚物药物载体，降解速率可控，可满足临床要求，应用前景更好。

6.2.1 mPEG-PLGA 嵌段共聚物的特点

mPEG-PLGA 嵌段共聚物是一种新型纳米药物载体，研究显示其主要的优点有：具有较好的生物相容性，可在体内生物降解、易于从体内排出而不积蓄；具有较高的热力学和动力学稳定性，耐稀释性强，进入血液循环后不易被破坏，可保持完整的核-壳结构；药物在血液中的循环时间可延长，达到长循环而增加疗效；粒径小更易于达到靶向作用，从而减少了药物对正常组织的损害，可使药物减毒增效；具有亲水性外壳及疏水性内核，适合于载带不同性质的药物；便于进一步表面修饰，从而提高药物的包封率、改变体内分布状态和可以具备主动靶向的作用；可制备成具有特殊性质的两亲性嵌段共聚物（如 pH 敏感、温度敏感、超声敏感等），进一步增强药物的靶向性；结构稳定，便于加工和灭菌，制备工艺简单等。正是由于嵌段共聚物具有这些突出的特点，使得纳米技术在药学领域的研究成为热点。

其不足之处在于：mPEG-PLGA 嵌段共聚物工业化生产、纯化较困难，成本较高；mPEG-PLGA 进入体内后，进入靶器官和靶细胞的机制尚需要进一步的研究。

6.2.2 mPEG-PLGA 嵌段共聚物的载药方法

载药方法对药物最终发挥药效起着重要的作用，因为它将决定药物是否被成功地包裹进纳米粒，是否具有合适的药物释放速率，是否能够定向输送到靶器官、靶细胞，是否具有合适的理化性质。载药方法有多种，最常用的有溶剂挥发法、复乳化溶剂挥发法、乳化溶剂扩散法、沉淀法等方法，可根据所载药物的性质及用药目的不同进行选择适宜的方法。

乳化/溶剂挥发法是最为常用的制备方法，将聚合物和药物溶于不溶于水的挥发性有机溶剂（如二氯甲烷、乙酸乙酯等）中，在搅拌下滴入含有表面活性剂的水相中，待形成较稳定的乳化体系后，挥发有机溶剂即得纳米粒。该法在操作过程中常常需要高速匀质或超声乳化，能耗较大，适用于实验室小量的制备，常用于包载脂溶性的药物。制备过程的影响因素是多方面的，如表面活性剂种类与用量、有机相与水相的比例、搅拌速度等。Park 等采用此法成功制备了包载阿霉素的 PEG-PLGA 纳米粒。黄微等将甘草次酸偶联到 PEG-PLGA，制备的纳米粒粒径为 128.2nm，Zeta 电位为 –16.2mV，在电解质溶液中有较高的稳定性，肝癌细胞对纳米粒的摄取率增加，显示出甘草次酸-PEG-PLGA作为肝靶向药物载体的潜在价值。有学者以丙酮和乙醇代替了传统的丙酮和二氯甲烷，其产率和药物包封率都比较高。

复乳溶剂挥发法是对溶剂挥发法的改进，可提高水溶性药物的包载效率。此法是先用有机溶剂（与水不互溶的）将聚合物溶解，再将溶于药物的水溶液滴入含聚合物的有机溶剂中，超声使乳化形成初乳（W/O型）；然后，将初乳加入到另一含有乳化剂的外水相中，不断搅拌使其形成复乳体系（W/O/W型），挥发有机溶剂即得到纳米粒。复乳是一种非稳态，多重乳液聚合，使它容易向单乳转化，是复乳制备过程的保持器稳定性关键。此法制备过程复杂，影响参数较多，对操作人员的技术要求亦较高。此法亦可用于包裹在有机溶剂中易被破坏的蛋白质和多肽药物。如Li等成功制备了牛血清白蛋白（BSA）PEG-PLGA嵌段共聚物纳米粒，包封率为48.6%，体外释药7天达71.4%，体内延长了BSA的半衰期，是蛋白质和多肽类药物的优良载体。

乳化/溶剂扩散法是对溶剂挥发法的改进，与水相的溶剂（丙酮或甲醇）和不溶于水的有机溶剂（二氯甲烷或氯仿）的混合物作为有机相。由于溶于水的有机溶剂自发扩散进入水相，两相之间的界面发生紊乱，聚合物沉淀，即形成了纳米粒。该方法常用于包载脂溶性药物。蛋白类药物也可用此法包埋在聚合物纳米粒中。如杨桉树以MePEG-PLGA-NPs为载体，制备的载TNF-α拮抗肽纳米粒形态规整，分散性能好，载药量高，有一定的缓释作用，释放后药物的生物活性较好和稳定性。

沉淀法是将药物和聚合物溶于适当溶剂（如丙酮、乙醇等）中，加入另一种聚合物的非溶剂（常用的非溶剂为水），溶剂与非溶剂混溶时，在溶液界面产生的骚动现象和溶剂体系的转换使聚合物包裹药物形成纳米粒，并随溶剂的蒸发而不断向界面迁移、沉淀。此方法在制备过程中重现性较好，可放大至工业化。S.Simsek等以PLGA-b-PEG为载体成功制备了载阿托伐他汀纳米粒，结果表明，随着聚合物浓度提高纳米粒子的大小显著增加，在聚合物中PEG浓度从15%降低到5%（w/w），纳米粒大小从69nm增加到172nm。含有和不含有聚山梨酯80的纳米粒都能有效内化在内皮细胞，均能够穿透血脑屏障。目前，这种方法也可用于包裹水溶性药物纳米粒的制备。

透析法是用有机溶剂将聚合物和药物溶解后，装在透析膜中并密封，放入超纯水中进行透析，离心，透析溶液冷冻干燥即获得纳米粒。与其他方法相比，该法得到的纳米粒的粒度分布较窄，粒径小。此法步骤较简单，可避免使用有机溶剂，但耗费时间长。So等制备的吲哚美辛的聚乙二醇-聚乳酸、聚乙二醇-聚羟基乙酸共聚物纳米粒，粒径均小于200nm，并随着共聚物的分子量增加，纳米粒的粒径也增加。

盐析法是电解质（如硫酸钠溶液）饱和的聚合物的丙酮溶液中与非电解质（如乙醇）饱和的聚乙烯醇水溶液形成 O/W 型乳液后，加入足量的水，使丙酮扩散到聚乙烯醇水溶液中导聚合物的沉淀而得纳米粒。在制备纳米粒过程中不含氯的有机溶剂和表面活性剂。此外，还有静电作用法（带电荷药物与带相反电荷的胶束疏水区通过静电力作用而紧密结合而成）、化学结合法（是利用药物与共聚物上的活性基团发生化学反应后，再采用上述方法制备而得纳米粒）。

6.2.3 mPEG-PLGA 嵌段共聚物的应用

mPEG-PLGA 嵌段共聚物作为药物载体，是以制备成胶束、纳米粒、微球以及微囊等形式经口服、注射、经皮给药等途径来应用的，达到提高药物的生物利用度，降低毒副作用，延长体内循环时间及提高靶向等目的。

以 mPEG-PLGA 嵌段共聚物为载体制备胶束的研究较多，技术也较成熟。如 Hyuk Sang Yoo 等通过化学方式将 mPEG-PLGA 的末端羟基和阿霉素的伯胺基连接，与物理包裹的阿霉素胶束相比，药物释放时间延长。在对 HepG2 细胞的摄取实验中，胶束中阿霉素被摄取的浓度大于游离的阿霉素，表明阿霉素被细胞更有效地摄取，主要是通过细胞内吞作用，不是被动扩散；使用相同的制备方法，物理包裹的包封率为 23.18%，化学连接的 mPEG-PLGA 的包封率高达 99.09%。PEG-PLGA 胶束中阿霉素的释放持续 3 天，DOX-mPEG-PLGA 中阿霉素的释放超过两周。

目前，以 mPEG-PLGA 嵌段共聚物为药物载体制备纳米粒的研究已经成为热点。王志清等采用自乳化 - 溶剂挥发法制备包载三氧化二砷的 PEG-PLGA 纳米粒，制得的纳米粒接近球形，没有聚集和黏附，体外释放实验表明，纳米粒持续释放超过 26 天。方琴等采用界面沉积法制备紫杉醇纳米粒，带负电荷，适用于静脉注射。当 mPEG 含量为 4% 时包封率最佳。A.K.Yadav 等以 mPEG-PLGA 和透明质酸 -PEG-PLGA 为载体，采用纳米沉淀法制备了装载盐酸阿霉素的纳米粒，研究结果显示，随着载体浓度的增加，包封率减少，包封率均在 85% 以上；具有较好的生物相容性、安全性；透明质酸介导的纳米粒体外释放时间持续 15 天，且有更好的肿瘤靶向性。许娜等研究了负载青蒿琥酯的 mPEG-PLGA 纳米粒，并探讨了纳米粒对人白血病 K562 细胞的生长抑制作用。结果表明，所制纳米粒具有较小的粒径、较高的载药量及包封率，体外实验证明，负载青蒿琥酯的 mPEG-PLGA 纳米粒可诱导 K562 细胞的凋亡，具有缓释作用。

微球是微小球状实体，属于基质型骨架微粒，是药物溶解或者分散于高分子材料基质中而形成的。亲水性 PEG 的存在，不但提高了材料的柔韧性，且降低了微球受外力破坏而崩解释药的风险。王锡山等采用复乳法制备 5-氟尿嘧啶 mPEG-PLGA 缓释微球，平均粒径 310nm，载药量为 15.4%，释放与时间呈线性关系，可持续 5 天，释放特性符合零级动力学方程，有缓释作用。李近等考察了嵌段材料的分子量对 mPEG-PLGA 载药微球降解和释药行为的影响。mPEG-PLGA 的特性黏度受 PLGA 分子量影响大（正相关），受 mPEG 分子量影响较小。mPEG 分子量的增大，分子链间的空间位阻增大，共聚物分子层的稳定性降低，致使药物包封率降低。PLGA 分子链越长，对药物的缠绕越紧密，药物的包封效果越好。

Ferenz 等使用 PVA 制备 PEG-PLGA 微囊，生物相容性较好，可用于静脉给药。施斌等制备的隐形纳米囊，肿瘤靶向作用明显优于原药及未经 PEG 修饰的纳米囊。

6.3 抗乙型肝炎中药的研究进展

乙型肝炎是由乙型肝炎病毒（hepatitis B virus，HBV）引起的病程较长的一种世界性、传染性疾病，严重威胁人类的生命。据统计，全世界约有 3 亿人感染 HBV，仅中国就有约 1.2 亿人，因此，在我国对 HBV 感染者有效的治疗尤为迫切。迄今为止，仍未有彻底清除体内 HBV 并最终治愈的方法，国内外广泛的共识是用药物持久地抑制 HBV 复制，降低肝硬化、肝癌等的发病率，控制疾病的进展。临床用于乙型肝炎治疗的药物主要为抗病毒药物（如干扰素、拉米呋定）及免疫调节剂（如胸腺素、白细胞介素2）等。这些药物在疗效和安全性方面有一定的局限性，应用受到限制。中药治疗乙型肝炎已有千年历史，在抑制病毒复制、调节机体免疫力等方面疗效确切，且资源丰富。因此，从中药中寻找安全的、有效的抗 HBV 有效成分引起国内外学者的高度重视。

6.3.1 单味药及复方药

近年来，中医药在防治乙型肝炎方面积累了大量的经验，在抗 HBV 的研究上取得了一定的成绩。目前利用动物或细胞模型已经筛选出了大量的单味药、复方药、有效部位及有效成分等具有不同程度的抗 HBV 作用。但基础研究较多，临床研究较少。

据文献报道，具有抗 HBV 活性的中药有数十种，如叶下珠、甘草、荔枝核、紫丁香叶、青蒿、绞股蓝、半枝莲、柴胡、小檗、冬虫夏草、莪术、葛根、槟榔、佛甲草、溪黄草、黄芪、山豆根、茵陈、鱼腥草和栀子等，而且有些中药制成的制剂在临床上亦取得了较好的疗效。叶下珠为大戟科叶下珠属植物叶下珠的干燥全草，已广泛用于抗 HBV 的治疗。叶下珠可有效抑制 HepG2.2.15 细胞分泌的 HBeAg，并可抑制血清中 HBV DNA 的水平。程延安等在比较叶下珠治疗组 140 例和阿德福韦酯对照组 52 例患者抗病毒治疗慢性乙型肝炎，发现叶下珠对慢性乙型肝炎患者抗病毒治疗有效。甘草为豆科植物甘草、胀果甘草或光果甘草的干燥根及根茎。在我国和日本被广泛用于病毒性肝炎的治疗。甘利欣为甘草酸二铵左旋化合物，保肝、护肝降酶的效果显著，受到广大医生和患者的一致好评，已成为一种常用的肝炎患者保肝降酶的药物。荔枝核为无患子科常绿乔木植物荔枝的成熟种子，具有抗氧化、抑制 HBV 和护肝等作用，黄酮苷类及木脂素苷类等成分是其生物活性物质成分。荔枝核总皂苷与荔枝核总黄酮均具有一定的抗 HBV 作用。紫丁香叶为木犀科丁香属植物紫丁香的干燥叶，紫丁香叶对 CCl$_4$ 诱导的肝损伤有保护作用。高士奇等发现紫丁香叶提取物能够抑制 HBeAg 和 HBsAg 的。与干扰素、肝炎灵进行比较，紫丁香叶提取物对 HBeAg 和 HBsAg 的抑制率介于干扰素与肝炎灵之间，是一种高效低毒的抗乙型肝炎病毒药物。中华大蟾蜍或黑眶蟾蜍等阴干全皮中提取的水溶性制剂，能促进肝细胞修复，保护肝细胞膜。华蟾素具有较强的抗病毒作用。黄芪为豆科植物蒙古黄芪、膜荚黄芪的根，因其具有良好的提高免疫功能，对乙肝表面抗原阳性转阴具有一定的作用，黄芪总苷有抗 HBV 作用，抑制 HepG2.2.15 细胞增殖作用。

在中药复方方面，中医药专家也进行了积极探索，不断发现和总结具有不同程度的抗 HBV 的有效方剂，在临床治疗乙型肝炎和实验抗 HBV 方面取得较为满意的疗效。如四逆散和四逆散加味方（在原方基础上加云苓、白术、鸡骨草三味药）在鸭体内有抗 HBV 作用。海珠益肝胶囊（叶下珠、海藻）具有明显的剂量依赖性的抑制 HBeAg 和 HBsAg 的作用。复方叶下珠胶囊（晒参、黄芪、苦味叶下珠、苦参等）体外试验具有抗 HBV 作用。小柴胡汤（柴胡、黄芩、人参等）对 HepG2.2.15 细胞有 HBV 抑制作用。肝康栓（甘草甜素、香菇菌多糖、无环鸟苷等）对 HepG2.2.15 细胞上清液中 HBsAg、HBeAg 及 HBVDNA 的抑制作用呈时间和剂量依赖性；对鸭乙肝病毒有抑制作用，且无明显短期毒性作用。消黄灵注射液（茵陈、栀子、大黄等）可抑制 HBV DNA 聚合酶，并显示一定的量效关系。这些有效方剂的研究为进一步在中药中筛选抗 HBV 的活性成分奠定了基础，亦为彻底治乙型肝炎提供了希望。

6.3.2 中药有效成分

随着中药研究的深入，中药作用的物质基础不断被发现，并且分离纯化得到有效部位或有效成分。通过对这些有效部位和有效成分进行药效学研究发现，很多有效部位和有效成分具有抗 HBV 活性的作用。通过文献分析,抗乙型肝炎的中药有效成分主要为皂苷类、黄酮类、生物碱类、环烯醚萜类及多酚类等成分。

6.3.2.1 皂苷类

现代药理研究表明,许多中药中的皂苷类化合物具有抗 HBV 的药理作用。如甘草酸对术后内毒素引起的肝损伤、CCl_4 诱导的肝损伤、脂多糖和 D-氨基半乳糖诱导的肝损伤、异硫氰酸 α-萘酯诱导的肝损伤等都有明显的保护作用。静脉注射甘草甜素可抑制 HBsAg 的唾液酸化作用,改变 HBV 相关抗原在肝细胞中的表达。黄芪甲苷能降低血清 HBV DNA 水平,对 HBsAg、HBeAg 有抑制作用。土贝母皂苷对 HBsAg 和 HBeAg 均有一定的抑制作用,对 HBeAg 的抑制作用强于拉米夫定,用 HBV-DNA 阳性雏鸭做动物模型的体内实验,证实其具有保肝作用。六月青总皂苷可抑制 HepG2.2.15 细胞 HBsAg、HBeAg 及 HBV-DNA 的分泌,明显抑制 HBV-DNA 复制,降低 ALT、AST 和 HBsAg 水平,停药后仍能有抑制作用,未出现反跳现象。陈桂林研究发现绞股蓝 50% 乙醇部位为绞股蓝保肝护肝的有效部位。紫丁香叶总皂苷具有明显的抗击化学药物致肝损伤的作用,对小鼠肝脏具有较好的保护作用。Chiang 等测定了柴胡属植物的柴胡皂苷 a、柴胡皂苷 c 和柴胡皂苷 d 的抗 HBV 活性。柴胡皂苷 c 减低 HBeAg 的作用明显,抑制 HBV DNA 的复制,并发现抗 HBV 活性与连在 A-环上的糖链结构有关。

6.3.2.2 黄酮类

Guo 等研究表明黄芩素对 HepG2.2.15 细胞分泌的 HBsAg、HBeAg 及 HBV-DNA 有抑制作用,而 50μg/mL 黄芩素作用 9 天后,其对 HBV-DNA 的抑制作用优于同剂量的拉米夫定。雁皮素 A、槲皮素和狼毒色原酮是从瑞香狼毒中提取分离得到的黄酮类化合物,对 HepG2.2.15 细胞分泌的 HBsAg 的抑制率分别为 71.9%、64.3%、34.0%,对 HBeAg 的抑制率较低,其中雁皮素无作用。芒果苷可抑制 HepG2.2.15 细胞分泌的 HBsAg、HBeAg,芒果苷抗 HBV 和免疫调节作用的可能机制之一是抑制 HepG2.2.15 细胞中 p-β-arrestins 水平。鞣花酸是自叶下珠分离得到黄酮类化合物,具有抑制 HepG2 2.15 细胞分泌 HBeAg 的作用,但对 HBsAg 及 HBV DNA 无抑制活性。

6.3.2.3 生物碱类

苦参素是一类具有抗 HBV 活性的生物碱类化合物,其中 98% 以上为氧化苦参碱(oxymatrine,OMT),具有抗大鼠免疫性肝损伤作用,抗纤维化作用,提高 SOD 活性,降低 ALT、LN、HA 水平。OMT 能直接抑制 HepG2.2.15 细胞内

HBV-DNA 的复制，且呈浓度依赖性。研究表明，OMT 可在 HBV 感染鸭原代肝细胞多个环节发挥抗病毒作用。OMT 能抑制 HepG2.2.15 细胞中 HBV 复制是抑制病毒核酸复制和基因表达的结果。聂红明等研究发现，槐定碱具有一定的抗 HBV 作用，属高效低毒的抗 HBV 有效药物，而槐果碱对 HepG2.2.15 细胞分泌的 HBeAg 抑制活性不高，但仍优于拉米夫定。从罂粟科植物岩黄连中分得的岩黄连总生物碱具亦有抗 HBV 活性。

6.3.2.4 环烯醚萜类

环烯醚萜类成分是一些植物和动物的自卫物质，是很多植物药中的活性成分，具有抗炎、保肝、利胆、抗肿瘤等作用。近年来对环烯醚萜类化合物的生物活性研究发展迅速，尤其是在抗乙型肝炎病毒方面。标准提取物胡黄连活素是从胡黄连的根茎中分得的，能提高 CCl_4 所降低的各种微粒酶的活性，阻止肝脏中总蛋白和谷胱甘肽量的减少，阻止脂质过氧化物的增殖，对其导致的肝功能酶系统损伤有保护作用。赵桂琴对从素馨花进行化学成分离，得到一系列的环烯醚萜苷类化合物并对其抗 HBV 活性评价，结果发现 8-epi-kingiside、橄榄苦苷及 jaspolyoside 对 HepG2.2.15 细胞 HBsAg 的表达有剂量依赖性抑制作用，其中 jaspolyoside 对 HBeAg 也有抑制作用，呈现量效关系。以 HBV 感染北京鸭为体内模型，证实橄榄苦苷具有抗病毒作用。李艳秋等发现，龙胆苦苷对于化学性、免疫性肝损伤有保护作用。龙胆苦苷可明显降低多种急慢性肝损伤动物血清转氨酶，减轻肝组织坏死及脂肪变性的程度。刘占文等研究证实，急性 CCl_4 肝损伤小鼠灌服龙胆苦苷后，血清 ALT 和 AST 水平降低，肝组织中的 GSH 过氧化物酶活力增加。

6.3.2.5 多酚类

国内外学者研究发现，从中药中分离得到的一些多酚类化学成分具有良好的抗 HBV 活性。如赵桂琴从素馨花中分离得到的 3,4-二羟基苯乙醇对 HepG2.2.15 细胞 HBsAg 的表达有显著的剂量依赖性抑制作用，其前期从中药大血藤中分离得到的 3,4-二羟基苯乙醇，发现具有抗 HIV 及 HBV 双重活性。在 HBV 感染北京鸭体内模型中也表现有抗病毒作用，口服给药 10 天后血清 HBV 有依赖于剂量的抑制作用，80mg/（kg·d）剂量组作用最强。羟基酪醇为橄榄苦苷在动物体内的主要分解代谢产物，二者均表现出体内外抗 HBV 活性，提示多酚结构单元可能为它们的活性必须基团。王宏伟对素馨花干燥花蕾 70% 乙醇提取物的抗 HBV 活性成分进行了分离纯化，得到 6 个酚类化合物，体外抗 HBV 研究表明，没食子酸乙酯对 HepG2.2.15 细胞分泌 HBsAg 具有一定的抑制作用。有学者用 ELISA 技术对没食子酸水溶液抗 HBsAg 和 HBeAg 的研究，证明没食子酸有抑制 HBsAg 和 HBeAg 作用。Relja 等研究发现，茶多酚对血清中 ALT、IL-6 水平有抑制作用，对多形核白细胞的渗透、细胞黏附分子的表达和 IκBa 的磷酸化有所降低，表明茶多酚防治急性炎症模型中大鼠的肝损伤是依赖 NF-κB 机制。Huang 等筛选了自 4 种叶下珠属植物提取的 25 个化合物（其中大部分是多酚类化合物）对人肝癌细胞株 MS-G2 分泌的 HBV 抗原 HBsAg、HBeAg 的抑制作用，发现在 50mmol/L 时，3,4-亚甲二氧基-3',4',5,9,9'-五甲氧基木脂素具有最强的抗 HBsAg 活性；3,4:3',4'-双亚甲二氧基木脂素具有最强抗 HBeAg 活性。

6.3.2.6 多糖类

多糖是生物体的主要结构成分，具有复杂的生物活性和功效。一些植物多糖的抗 HBV 活性已被报道。如猪苓多糖可提高机体免疫力促进肝细胞的再生和修复肝功能，从而抑制病毒的复制。采用藻酸双酯钠与香菇多糖治疗乙肝，结果显示 HBsAg 阴转率为 8%，HBeAg 阴转率为 67%，HBeAg IGM 阴转率为 50%，HBV-DNA 阴转率为 62%，且作用持久。大蒜多糖 A、大蒜多糖 B、大蒜多糖 C 均有护肝作用，且安全、低毒，均可抑制 HepG2.2.15 细胞分泌 HBsAg 并成剂量依赖性，但对 HBeAg 的分泌则均无明显抑制作用。山豆根多糖硫酸化修饰能提高 HepG2.2.15 细胞培养液中 HBsAg、HBeAg 的抑制作用。此外，人参多糖、云芝多糖等亦通过提高机体免疫来达到抑制 HBV 作用。

除上述有效成分外，抗乙肝病毒的中药有效成分还有萜类、内酯、香豆素、木脂素类、醌类等化合物。如齐墩果酸为五环三萜类化合物，对 CCl_4 引起的肝损伤具有明显的保护作用，有较强的抑制 HBV 复制作用。陈斌研究显示白桦脂酸和熊果酸对 HepG2 细胞分泌 HBV 抗原有抑制作用。狭基线纹香茶菜中的双萜化合物 isolophanthinsA-D 等也具有抗 HBV 活性。穿心莲内酯对慢性乙型肝炎患者有免疫调节作用，但在体外细胞系中未发现对 HBV 的抑制作用。Romero 等发现，青蒿素酯与拉米夫定相比抗 HBV 活性较弱，但联合使用有协同作用。林青等进行了青蒿琥酯对抗鸭 HBV 的研究，发现高剂量的青蒿琥酯组与拉米夫定组第 21、28 天 HBV DNA 抑制率相似，停药后仍有抑制作用。獐牙菜中的内酯也具有抗 HBV 活性。从狭叶五味子中分离得到扁枝杉香豆素和表儿茶酸具有一定的抗 HBV 活性，扁枝杉香豆素具有较强的抑制 HBsAg 和 HBeAg 分泌作用。在相同质量浓度下，阳性对照药抑制作用较扁枝杉香豆素弱。Kuo 等测定了日本南五味子中 6 种新的 C18 环辛二烯木脂素（schizanrins I、J、K、L、M、N）和 4 种已知 C19 均木脂素（taiwanschirins A、B、C 和 heteroclitin F）对 HBV 抗原的抑制作用，taiwanschirins A 和 B 对 HBsAg 具有强抑制作用，对 HBeAg 具中等强度抑制作用。Ho 等研究自钩毛茜草根的两个萘氢醌类成分 furomollugin 和 mollugin 对 HBsAg 具有抑制活性。

综上所述，中药有效部位或有效成分具有抗 HBV 的同时，在实际治疗过程中也存在诸多严峻的问题：一方面许多有效成分溶解度低（如小檗碱、齐墩果酸等）、难吸收（如苦参素等）、半衰期短（如龙胆苦苷、丁香苦苷等）、稳定性差（如羟基酪醇），这方面的问题已成为制约中药多成分临床应用的关键问题。另一方面，由于 HBV 核心抗原存在于肝细胞内，传统的治疗药物及其制剂很难进入肝细胞，或能进入肝细胞的药物剂量不足以抑制 HBV，导致治疗效果难以达到令人满意的程度，这方面的问题亦成为制约中药多成分临床应用的又一关键问题。而中药纳米递药系统以其较高的生物利用度，较强的靶向性，较低的毒副作用和缓释功能，为传统给药方式提供新的途径，已经成为中药新剂型研究中非常活跃的领域。

6.4 模型药物研究

目前，用于治疗乙型肝炎的药物主要有：干扰素、核苷及核苷酸类药物，如聚乙二醇干扰素 α-2a、恩替卡韦、阿德福韦等，但这些药物存在着治疗时间有限，长期使用易出现耐药性，对肾功能有影响等问题。而中药用于治疗乙型肝炎已有上千年的历史，且中药能够进行多重调控，毒副作用小，因此，寻找对乙型肝炎有确切疗效的中药得到了广泛关注。

本研究采用的丁香叶来源于木犀科丁香属植物紫丁香叶。具有抗病毒、抗炎、保肝以及广谱的抗菌等作用。其有效成分主要为 S 和 H 等成分。S 是一种环烯醚萜类化合物，H 是一种酚类化合物。

S，水溶性，其药理作用有：保肝利胆、抗 HBV、抗菌、抗炎、降糖以及镇咳祛痰等。H，兼具脂溶性和水溶性，其药理作用有：抗 HBV、抗菌、抗血栓、预防心血管疾病、抗肿瘤、抗炎及抗氧化等。两药都对 HBV 有确切疗效，但存在生物利用度低、稳定性差、半衰期短等缺点，而将其制成纳米制剂后，可以提高其生物利用度、延长其在体内的滞留时间、提高其靶向性，有一定的应用前景。因此，本研究选择对乙型肝炎有确切疗效的中药丁香叶多成分 S 与 H 为模型药物。

丁香叶为木犀科植物洋丁香、朝鲜丁香或紫丁香的干燥叶。现代文献资料显示，其具有广谱的抗菌、抗病毒及保肝利胆等作用。丁香叶的药效已得到肯定，卫健委药品标准收载了以丁香叶为原料生产的炎立消片剂和炎立消胶囊剂两种剂型。丁香叶主要包括有机酸类、环烯醚萜类、黄酮类成分等多种化学成分,其活性物质主要为丁香苦苷、3,4-二羟基苯乙醇及酪醇等成分。

1970 年 Asaka 从洋丁香叶中首次分离得到丁香苦苷 A,并通过水解和乙酰化等方法对其化学结构进行了鉴定。王丹丹等通过核磁共振氢谱方法对丁香苦苷 A 的立体构型进一步确定。丁香苦苷属于环烯醚萜苷类化合物,呈淡黄色粉末状,味苦,与 $FeCl_3$、Molish 及 Zimmerman 反应均显阳性,分子式为 $C_{24}H_{30}O_{11}$,分子量为 494.5,熔点为 156～156.5℃。

丁香苦苷的药理活性主要有保肝利胆、抗乙肝病毒、抗菌,还具有清除氧自由基、抗炎、降压、降温、镇咳祛痰等作用。

曹颖等测定丁香苦苷的解离常数和油水分布系数时发现,丁香苦苷因其脂溶性不强,不能有效地通过脂质的生物膜,口服给药不能很好地吸收;推测丁香苦苷在体内消除快,作用维持时间短。隋晓璠对注射丁香苦苷的家兔体内动态变化规律进行研究,证实丁香苦苷起效迅速,消除快,在体内滞留时间较短。随后,刘磊等进行了丁香苦苷口服和注射 2 种不同给药途径在家兔体内的药动学比较,结果说明,丁香苦苷单体经口服和静脉两种给药途径给药后,吸收和消除均较快。

本研究在丁香苦苷的剂型研究领域进行过许多有益的探索。如制备了丁香苦苷滴丸、丁香苦苷亲水凝胶骨架片、丁香苦苷固体脂质纳米粒等。上述剂型的研究都有效地从不同角度提高了丁香苦苷的生物利用度,但能很好地改善丁香苦苷在体内滞留时间短、靶向性差等问题,但还有待于深入研究。

羟基酪醇(hydroxytyrosol,HT)是一种多酚类化合物,其化学名称为 3,4-二羟基苯乙醇,分子式为 $C_8H_{10}O_3$,分子量为 154.16,兼具脂溶性和水溶性的醇邻二酚结构。

羟基酪醇的药理活性主要有抗乙肝病毒作用、抗癌作用、抗菌作用、抗炎作用,还具有预防和治疗心脑血管疾病,降血糖,保护视网膜色素上皮细胞及抗氧化等作用。

目前,在国外对羟基酪醇研究报道较多,已经有羟基酪醇的胶囊剂、颗粒剂及片剂等制剂投入临床,而国内对羟基酪醇的研究尚处于起步阶段,对其应用研究也较少。近期人工合成 3,4-二羟基苯乙醇已取得成功,为实验研究及临床应用提供了原料。

本研究为了探讨水溶性的中药多成分药物(具有分子量、体积等差异)同步包载和释放规律,选择丁香叶中对于乙型肝炎具有确切疗效的中药成分——丁香苦苷(环烯醚萜类化合物)与羟基酪醇(多酚类化合物)为模型药物。以 mPEG-PLGA 嵌段共聚物为载体制成的纳米粒粒径小及具有长循环的优势,故本研究选择 mPEG-PLGA 为药物载体，设计长效和靶向融为一体的纳米递药系统，并首次利用荧光内窥式共聚焦成像技术研究 SH 双载药纳米粒的靶向性，以期 SH 双载药纳米粒可靶向于肝细胞内，提高药物的生物利用度。从而为同样存在稳定性差、半衰期短等缺陷的水溶性药物的纳米化提供新思路，为靶向制剂的细胞内递药研究提供了新手段。

本研究意义在于通过对水溶性的中药多成分纳米递药体系的研究，实现中药由单一成分向多成分新型递药系统的转变，力图解决纳米技术不能应用于中药复杂成分之中的这一难题。体现中药多成分"多成分、多途径"的特点和"协同作用"的治疗思想的同时，亦体现中药现代化的研究特色，促进中医药理论的不断创新，为其他中药多成分新型递系统的开发应用提供实践参考。荧光内窥式共聚焦成像技术的应用，为纳米递药系统细胞内靶向研究提供了新的手段。

6.4.1 纳米递药系统

本研究以丁香叶中对于乙型肝炎具有确切疗效的中药多成分——S 和 H 为模型药物，以 GPP 为载体，设计长效和主动靶向融为一体的纳米递药系统，解决纳米技术不能应用于中药复杂成分之中的这一难题。若该纳米递药系统研制成功，将为乙型肝炎的临床治疗提供一个有效的治疗药物，为乙肝患者带来福音，从而创造一定的社会和经济效益，并为其他中药多成分新型递药系统的开发应用提供实践参考。

6.4.2 GPP 纳米载体的构建与表征

6.4.2.1 试剂和仪器

试剂：聚乙二醇、丙交酯、乙交酯、辛酸亚锡、甲苯、苯甲醚、乙醚、4-二甲氨基吡啶、EDC·HCl、甘草次酸、二氯甲烷等。

仪器：AB265-S 分析电子天平、FD-1A-50 真空冷冻干燥机、IRTracer-100 红外分光光度仪、ARX-600 型核磁共振波谱仪、真空干燥箱。

6.4.2.2 GPP 纳米载体的合成

（1）NPP 的合成　在氮气保护下，向反应烧瓶中加入 PEG（500mg，0.4 mmol）、丙交酯单体（3g，20.8mmol）和乙交酯单体（2.4g，20.8 mmol），抽真空通氮气置换体系数次，然后加入催化剂辛酸亚锡（27mg），辛酸亚锡的用量是单体质量的 0.5%，再加入溶剂苯甲醚和甲苯各 10mL，在温度 140℃下反应 24h。反应完毕后，将溶液倾入到 10 倍过量的冷冻乙醚中沉淀，过滤收集沉淀并真空干燥，得到白色固体样品 NPP。反应路线见图 6-1。

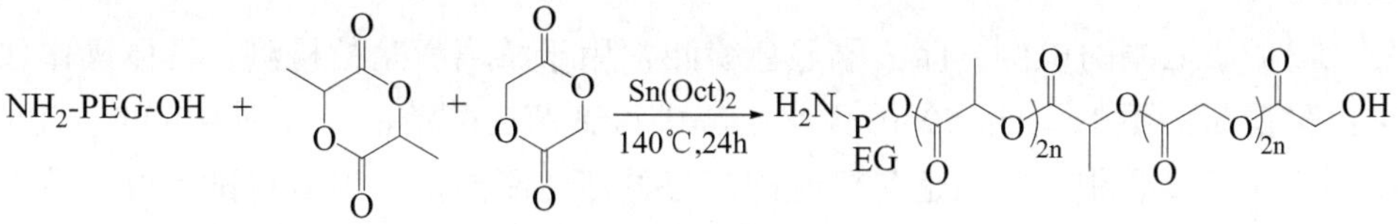

图 6-1　NPP 的合成路线

（2）GPP 的合成　取 4g NPP、940mg GA、384mg EDC 和 50mg DMAP 溶于 20mL 的 DCM 中，室温反应 24h，反应完成后，将溶液置于 14k 的透析袋中进行透析 72h，并进行冷冻干燥。得到白色固体粉末样品 GPP。反应路线见图 6-2。

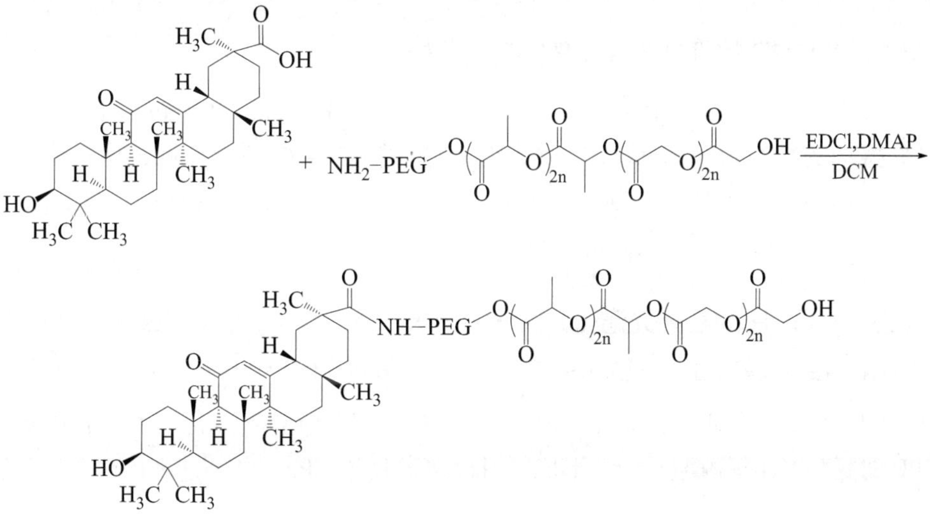

图 6-2　GPP 的合成路线图

6.4.2.3　纳米载体的表征

（1）红外光谱（FT-IR）表征　采用日本岛津公司 IRTracer-100 红外分光光度仪，波长范围为 $400\sim 4000cm^{-1}$，KBr 与 NPP 和 GPP 的摩尔比为 90∶1 对 NPP 和 GPP 进行分析。实验方法为：将 KBr 粉末研细压片作为背景扫描，再将 NPP、GPP 样品加入 KBr 粉末中研磨混匀压片，在规定波长范围内衍射峰扫描。此方法通过衍射峰出峰的位置判断样品中主要官能团，对 NPP、GPP 的结构进行表征。

（2）核磁共振氢谱（1H-NMR）表征　利用核磁共振光谱（1H-NMR）法确定样品结构。取 NPP、GPP 的样品适量，溶于 $CDCl_3$ 中，采用核磁波谱仪，测试频率为 400Hz，以四甲基硅烷（TMS）为内标进行检测，对 NPP、GPP 的结构进行表征。

（3）茚三酮的检测　茚三酮显色检测常用于游离氨基的检测，具体操作如下：称量茚三酮 1g 溶于 50mL 无水乙醇中得到茚三酮溶液，分别取 NPP、GPP 待测样品于试管中，加入适量已经配制好的茚三酮溶液，然后将试管放入沸水中，水浴加热 10～15min，观测试管中溶液颜色的变化。

6.4.3　实验结果

6.4.3.1　外观

NPP 样品为白色固体，GPP 样品为白色固体粉末。

6.4.3.2　NPP 的红外光谱（FT-IR）分析

$3439cm^{-1}$ 处为 NH_2 中 N—H 的特征峰，$2800～3000cm^{-1}$ 处为 PEG 上—CH_2—伸缩振动的特征峰，$1750cm^{-1}$ 处为 PLGA 酯键 $vC=O$ 的特征峰，$1650cm^{-1}$ 处为 $\gamma C=O$ 酰胺谱带，$1269cm^{-1}$ 处为—$C=O$ 弯曲振动的特征峰，$1130cm^{-1}$、$1089cm^{-1}$ 处为 C—O 伸缩振动的特征峰，表明成功合成了 NPP。

6.4.3.3　GPP 的红外光谱（FT-IR）分析

GPP 中 $2965cm^{-1}$、$2850cm^{-1}$ 处的峰比 NPP 的强，是因为 GA 带有较多的甲基和亚甲基。同时 $1543cm^{-1}$ 处出现 δN-H（酰胺Ⅱ谱带）。证明 GA 的羧基与 NPP 的氨基发生了酰胺反应，形成了目标纳米载体 GPP。

6.4.3.4　NPP 的核磁共振氢谱（^{1}H-NMR）分析

采用 1H-NMR 对反应产物 NPP 的结构进行表征。$\delta=5.2ppm$ 和 $\delta=1.6ppm$ 处归属于 PLA（—CH—）和（—CH_3）；$\delta=4.8ppm$ 处归属于 PGA（—CH_2—）；$\delta=3.6ppm$ 处归属于 PEG（—CH_2—）；$\delta=7.2ppm$ 处为 $CDCl_3$ 的特征质子信号。合成样品同时具备了 NH_2-PEG-OH 和 PLGA 的特征峰，可证明成功合成了 NPP。

6.4.3.5　GPP 的核磁共振氢谱（^{1}H-NMR）分析

采用 1H-NMR 对反应产物 GPP 的结构进行表征。$\delta=5.67ppm$ 和 $\delta=0.8$-$1.37ppm$ 处归属于 GA[—(C=O)—CH=C—]；$\delta=5.2ppm$ 和 $\delta=1.6ppm$ 处归属于 PLA（—CH—）和（—CH_3）；$\delta=4.8ppm$ 处归属于 PGA（—CH_2—）；$\delta=3.6ppm$ 处归属于 PEG（—CH_2—）；$\delta=7.2ppm$ 处为 CDCl3 的特征质子信号。合成样品同时

具备了 GA 和 NPP 的特征峰，可证明 GA 成功通过化学共价键与 NPP 相接合成了 GPP。

6.4.3.6 茚三酮检测结果

NPP、GPP 的茚三酮检测结果：A 试管中溶液颜色没有发生变化，说明 A 试管中溶液不含有游离的氨基，而 B 试管中溶液由淡黄色变成了蓝紫色，那是因为 NPP 的氨基端与茚三酮共热后发生反应，使茚三酮发生脱羧还原反应生成了氨基茚三酮，而后氨基茚三酮又与茚三酮发生缩合反应生成了蓝紫色化合物。因此，证明 GA 与 NPP 成功合成了 GPP。

本实验通过两步化学反应合成了 GPP 纳米递药载体，并通过红外、核磁、茚三酮显色等检测技术对其结构进行了鉴定，结果均显示成功制备了 GPP，为下一步对其安全性进行评价，制备 SH-GPP 纳米粒等奠定了基础。

第7章

SH双载药纳米粒的工艺与处方优化

7.1 试剂与仪器

试剂：15%、10%及5%的mPEG-PLGA（75/25），羟基酪醇对照品，丁香苦苷对照品，Sephadex G-50（分离范围1000～3000），葡萄糖，蔗糖，乳糖，甘露醇，海藻糖，甲醇（HPLC级）等。

仪器：DF-101Z集热式恒温加热磁力搅拌器、Autotune高强度超声波细胞破碎仪、FA2004分析电子天平、e2695-2698高效液相色谱仪系统、C18色谱柱（250mm×4.6mm，5μm）、H2050R台式高速冷冻离心机、Zetasizer Nano-ZS90激光粒度分析仪、透射电子显微镜（TEM）、真空冷冻干燥机、透析袋（截留分子量8000～14000）等。

7.2 方法的建立

7.2.1 吸收波长的考察

称取丁香苦苷对照品、羟基酪醇对照品适量，分别加甲醇溶解并稀释至适当浓度，在二极管阵列检测器上进行分析在200～400nm波长范围内的紫外吸收光谱。羟基酪醇约在220nm和279nm处有较大吸收峰，丁香苦苷约在225nm处有较大吸收峰，综合考虑，选择221nm为丁香苦苷与羟基酪醇的检测波长，同时测定丁香苦苷与羟基酪醇。

7.2.2 色谱条件

检测波长为221nm；流速为1.0mL/min；柱温设置30℃；进样量为10μL。梯度洗脱，流动相条件见表7-1。

表7-1 流动相条件

时间/min	甲醇/mL	水/mL
0~6	30	70
6~9	48	52
9~20	48	52

7.2.3 专属性考察

按照 7.2.2 的色谱条件,将空白纳米粒溶液、丁香苦苷与羟基酪醇混合对照品溶液、SH 双载药纳米粒供试品溶液注入 HPLC 进行检测,记录色谱图。空白纳米粒的溶液与 SH 对照品溶液、SH-NPs 供试品溶液比较,在 SYR 和 HT 的相同保留时间处无吸收峰,不受其他杂质干扰;SH-NPs 供试品溶液与混合对照品溶液比较,在 SYR 和 HT 在相同的保留时间处有吸收峰,并且 SYR 和 HT 的吸收峰能被很好地分离。因此,在此色谱条件下,载体等材料不干扰样品的测定,灵敏度高,专属性强、方法可靠。

7.2.4 线性关系的考察

(1) 对照品溶液的制备 分别称取丁香苦苷对照品和羟基酪醇对照品 20.65mg、2.42mg,加入甲醇使其溶解,定容至 25mL 量瓶中,即得混合对照品的贮备液。

(2) 供试品溶液的制备 将 20mg 的 mPEG-PLGA 及 10mg 药物分散于 10mL 丙酮中,超声溶解,形成有机相。在磁力搅拌下将有机相滴加到含 0.05% F68 的 20mL 水相中,滴毕用细胞破碎仪超声,磁力搅拌 20min,旋转蒸发(40℃)除去有机溶剂,定容,即得供试品溶液。制备过程中不加入药物即得空白纳米粒溶液。

(3) 标准曲线的绘制 精密量取混合对照品贮备液 5mL,置于 10mL 量瓶中,定容,以此类推逐级稀释,得到浓度为 826.00μg/mL、413.00μg/mL、206.50μg/mL、103.25μg/mL、51.75μg/mL、25.88μg/mL 的系列丁香苦苷对照品溶液与 96.80μg/mL、48.40μg/mL、24.20μg/mL、12.10μg/mL、6.05μg/mL、3.03μg/mL 的系列羟基酪醇对照品溶液。按 7.2.2 色谱条件测定,峰面积为纵坐标(Y),浓度为横坐标(X),绘制标准曲线。丁香苦苷与羟基酪醇的线性回归方程分别为: $y=13600x+187000$($R=0.9998$),羟基酪醇 $y=17100x-14500$($R=0.9999$)。结果表明,丁香苦苷在 25.88~826.00μg/mL 范围内,羟基酪醇在 3.03~96.80μg/mL 范围内呈良好的线性关系。

7.2.5 方法学考察

(1) 回收率试验　取丁香苦苷浓度为 165.20μg/mL、206.50μg/mL、247.20μg/mL，羟基酪醇浓度为 19.36μg/mL、24.02μg/mL、29.04μg/mL 的对照品溶液，加入已知含量的供试品溶液（丁香苦苷与羟基酪醇的分别为 207.13μg/mL 和 25.11μg/mL）9 份，按照 7.2.2 色谱条件下测定，记录峰面积，由标准曲线方程计算其含量，再计算回收率及 RSD 值结果见表 7-2。

表 7-2　回收率及 RSD 值结果（n=3）

药物	浓度/(μg/mL)	用量/μg	平均回收率/(%±SD)	RSD/%
SYR	165.20	165.15 ± 5.14	99.97 ± 3.11	3.12
	206.50	209.35 ± 2.19	100.28 ± 2.88	2.87
	247.80	246.89 ± 2.72	99.63 ± 1.09	1.10
HT	19.36	19.38 ± 0.53	100.10 ± 2.73	2.73
	24.20	24.75 ± 0.36	102.26 ± 1.49	1.45
	29.04	28.21 ± 0.30	97.16 ± 1.03	1.06

(2) 精密度试验　精密吸取同一供试品溶液 10μL，于同一日内连续进样 6 次及连续进样 6 天，记录两个药物的峰面积，计算日内精密度及日间精密度的 RSD。SYR 和 HT 日内精密度 RSD 分别为 0.30% 和 0.70%，日间精密度 RSD 分别为 0.60% 和 0.70%，表明日内精密度及日间精密度均良好，符合含量测定要求。

(3) 稳定性试验　精密吸取同一供试品溶液 10μL，分别于 0h、2h、4h、8h、10h、12h 进样，记录两个药物的峰面积，SYR 和 HT 的 RSD 分别为 0.40% 和 0.90%，表明供试品溶液在 12h 内稳定。

(4) 重复性试验　取同一批供试品 6 份，按照 7.2.4 项下方法制成供试品溶液，进样，记录 SYR 和 HT 的峰面积，计算的 RSD 分别为 0.50% 和 0.40%，表明本方法重复性良好。

7.2.6 讨论与小结

本实验分别用乙腈与水、甲醇与水作为流动相，加 0.1% 冰醋酸溶液，所得到的图谱与不加冰醋酸溶液的图谱相比较，除了药物的保留时间有差异外，峰形基本无区别。又考虑到甲醇比乙腈成本低，故选择不加冰醋酸的甲醇与水溶液为流动相。为了达到同时测定丁香苦苷和羟基酪醇目的，流动相采用梯度洗脱。经过调整不同时间流动相的比例，结合谱图整体分离的效果，最终流动相梯度洗脱条件确定为：0～6min 时甲醇：水为 30：70，6～9min 时甲醇：水为 48：52，9～20min 时甲醇：水为 48：52；丁香苦苷与羟基酪醇的保留时间分别约为 14.85min 和 4.75min。

本实验建立了 SYR 和 HT 的体外分析方法，结果准确、可靠，稳定性和回收率等均符合相关要求，可以用于后续实验的研究。

7.3 包封率的测定

7.3.1 测定方法选择

（1）葡聚糖凝胶色谱法　取纳米粒溶液 2mL，加入到 Sephadex G-50 凝胶柱顶部，用蒸馏水以 1mL/min 洗脱，分离纳米粒和游离药物，接取游离药物定容至 50mL 容量瓶中，摇匀，0.22μm 微孔滤膜滤过，进样（10μL），计算包封率以及载药量。

（2）超速离心法　取纳米粒溶液 5.0mL 置于 5.0mL 离心管中，超速离心（15000r/min，30min），收集上清液，沉淀加蒸馏水 1.5mL 超声分散，离心，重复 3 次，合并上清液定容至 50mL 容量瓶，摇匀，0.22μm 微孔滤膜滤过，进样（10μL），计算包封率以及载药量。

（3）透析法　将装有 2mL 纳米粒的透析袋置于透析外液为 30mL 0.5% 吐温 80 水溶液中，同时用磁力搅拌器 1000r/min 搅拌 4h，取出透析外液 2mL，0.22μm 微孔滤膜滤过，进样 10μL，计算包封率以及载药量。

包封率以及载药量计算公式为：

包封率 %（Entrapment efficiency，EE）$= (W_Q - W_L)/W_Q \times 100\%$

载药量 %（Durg loading，DL）$= (W_Q - W_L)/(W_P + W_R + W_Q - W_L) \times 100\%$

其中，W_P 为 mPEG-PLGA 用量，W_Q 为药物的投入量，W_L 为测得的游离药物量，W_R 为乳化剂用量。不同分离方法的测定结果见表 7-3。

表7-3　不同分离方法的测定结果（$n=3$）

分离方法	EEtotal/%	RSD/%	DLtotal/%	RSD/%
葡聚糖凝胶色谱法	28.59 ± 0.67	2.33	4.54 ± 0.21	4.62
超速离心法	23.76 ± 1.13	4.76	2.63 ± 0.14	5.44
透析法	20.99 ± 1.83	8.71	2.38 ± 0.12	5.20

由表 7-3 可见，三种方法测得的包封率与载药量由大到小的顺序为：葡聚糖凝胶柱层析法、超速离心法、透析法。超速离心法与透析法 RSD% 较大，可能

原因为：某些批次在离心过程中未能完全分离游离药物所致。透析时，含有的表面活性剂会阻止溶解的游离药滤出，导致 RSD% 较大。葡聚糖凝胶色谱法包封率高且偏差值较小，通过验证其方法可靠，所测得值接近真实值。故本实验选葡聚糖凝胶柱层析法来测定包封率。

7.3.2 洗脱曲线考察

将 2mL 的纳米粒溶液加入 Sephadex G-50 凝胶柱（1.5×20cm，高度 15cm）顶部，以 1mL/min 流速的蒸馏水洗脱，每 2mL 收集一次，共 30 份，洗脱液用 0.22μm 微孔滤膜滤过，HPLC 测定。破乳方法为洗脱液中加适量甲醇超声。洗脱曲线见图 7-1。

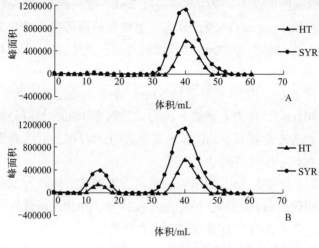

图 7-1 洗脱曲线

由图 7-1 可知，利用葡聚糖凝胶色谱柱可成功将 SH-NPs 和游离的 HT、SYR 分离开。结果显示，纳米粒在第 6mL 开始流出直至第 22mL 能够收集完毕；游离药物从第 30mL 开始流出直至第 52mL 基本收集完毕。所以采用葡聚糖凝胶色谱法可以准确地将纳米粒和游离药物彻底分离。

7.3.3 凝胶柱回收率考察

精密量取已知含量的 SYR 和 HT 原料药溶液 1.0mL，加于凝胶柱顶部，按照已考察的洗脱曲线，用蒸馏水以 1mL/min 流速洗脱，收集游离部分洗脱液，蒸馏水定容至 25mL 容量瓶中，摇匀，0.22μm 的水系微孔滤膜滤过，进样 10μL，计算柱回收率见表 7-4。

表7-4 凝胶柱回收率（$n=3$）

药物	浓度/（μg/mL）	用量/μg	平均回收率/%	RSD/%
SYR	225.03	219.41 ± 2.57	97.50 ± 1.15	1.18
HT	30.19	28.96 ± 0.70	95.94 ± 2.30	2.40

由表7-4可知，SYR与HT的平均回收率分别为97.50%和95.94%，RSD%分别为1.18%和2.40%。结果表明，Sephadex G-50凝胶柱回收率高。

7.3.4 包封率测定

精密吸取SH-NPs溶液加入到Sephadex G-50凝胶柱顶部，用蒸馏水以1mL/min洗脱。收集6～22mL洗脱液，取此液适量加入甲醇破乳，超声，定容，0.22μm的有机微孔滤膜滤过，进样10μL，测定纳米粒中药物含量。或收集30～52mL洗脱液，定容至50mL容量瓶中，摇匀，0.22μm的有机微孔滤膜滤过，进样10μL，测定游离药物浓度。根据公式计算包封率及载药量。

7.3.5 讨论与小结

测定包封率的常用方法有葡聚糖凝胶色谱法、超速离心法、透析法等。本研究制备的纳米粒粒径约80nm，当用超速离心法时，在20000r/min之内不能使纳米粒完全沉降，故此法不适于分离粒径较小的纳米粒。透析法时间较长且测得的包封率低、偏差大。葡聚糖凝胶色谱法测得的包封率高且偏差值较小，通过验证其方法可靠。本实验选择葡聚糖凝胶色谱法测测定包封率。

本实验建立了HPLC法测定纳米粒中药物含量的方法，方法学考察表明，精密度、加样回收率及重复性的RSD%均小于5%，满足分析要求。优选出葡聚糖凝胶色谱法作为SH-NPs包封率和载药量的测量方法，洗脱时，6～22mL洗脱液为纳米粒，30～52mL洗脱液为游离药物，柱回收率较高，此方法准确、可靠。

7.4 SH双载药纳米粒的工艺优化

7.4.1 制备方法的考察

通过前期空白纳米粒工艺的研究可知，沉淀法、复乳法与乳化溶剂挥发法三种制备方法制得的纳米粒外观为淡蓝色液体，形态圆整，粒径均小于200nm，分散较均匀，Zeta电位绝对值较大。故选择此三种制备方法进行载药研究。

（1）沉淀法　称取mPEG-PLGA共聚物分散于10mL丙酮中，超声使其溶解，形成有机相。再将药物加入有机相中，超声溶解。配制20mL含0.05% F68的水溶液，形成水相。在1000r/min的磁力搅拌条件下，将有机相滴加到水相中，滴毕用细胞破碎仪超声。磁力搅拌30min，旋转蒸发除去有机溶剂，即得纳米粒溶液。

（2）复乳法　称取10mg药物溶于0.2mL蒸馏水作为内水相（W_1）。称取mPEG-PLGA共聚物10mg分散于2.0mL丙酮中，超声使其溶解为油相（O）。配置0.2%吐温80水溶液为外水相（W_2）。将W_1注入O中，细胞破碎仪超声30s，得W_1/O初乳；在磁力搅拌下，将W_1/O加入17.6mL W_2中，细胞破碎仪超声30s，再磁力搅拌30min，得W_1/O/W_2复乳，旋转蒸发仪除去有机溶剂，即得到纳米粒溶液。

（3）乳化溶剂挥发法　称取mPEG-PLGA共聚物10mg分散于10mL二氯甲烷中，超声使其溶解形成有机相。配制20mL浓度为0.2% F68水溶液形成水相。称取10mg药物溶解于水相中，在1000r/min的磁力搅拌的条件下，将有机相滴入水相中，滴毕用细胞破碎仪超声，再磁力搅拌20min，旋转蒸发除去有机溶剂，即得纳米粒溶液。

以SH双载药纳米粒的粒径、包封率、载药量、多分散指数及Zeta电位为评价指标考察三种制备方法。

三种方法制得的纳米粒粒径由小到大为沉淀法、复乳法、乳化溶剂挥发法；PDI由小到大依次为乳化溶剂挥发法、沉淀法、复乳法，均小于0.5，纳米粒分散较均匀；沉淀法与复乳法的Zeta电位均为负值且较稳定，而乳化溶剂挥发法的Zeta电位出现了正负两种现象，说明工艺不稳定；沉淀法对丁香苦苷、羟基酪醇的包封率、载药量及二者的总包封率、载药量均最大；三种方法制备的纳米粒外观均为淡蓝色液体。在制备过程中，沉淀法较复乳法的影响因素少，工艺较稳定。因此，本课题选择沉淀法制备纳米粒。

7.4.2　单因素考察

在以下各单因素实验中，均以SH双载药纳米粒的粒径、Zeta电位、多分散指数、包封率及载药量等为评价指标，判断各因素对SH双载药纳米粒制备的影响。

（1）载体材料的考察　载体材料种类对SH双载药纳米粒的粒径及包封率等影响较大，本实验在保持其他条件不变条件下，选择了PLGA（50∶50）、PLGA（75∶25）、5% mPEG-PLGA（75∶25）、10% mPEG-PLGA（75∶25）、15%

mPEG-PLGA（75∶25）五种共聚物制备 SH 双载药纳米粒。

PLGA 与 mPEG-PLGA 比较，PLGA 作为载体对药物的包封率、载药量差异不大，但粒径、PDI 差异较大；不同的 mPEG-PLGA 载药能力不同，以 10% mPEG-PLGA 共聚物作为药物载体制备的纳米粒粒径较小，平均粒径为 88.93nm，分布均匀；Zeta 电位绝对值最大，包封率及载药量高。因此，本研究选用 10% mPEG-PLGA 共聚物为载体材料。

（2）稳定剂的考察　在保持其他条件不变的情况下，分别以 F68、吐温 80、聚乙烯醇（PVA）、司盘 40（span 40）、司盘 80（span 80）五种表面活性剂为稳定剂制备 SH 双载药纳米粒。F68 与其他四种稳定剂相比较，SH 双载药纳米粒的粒径、PDI 均最小，Zeta 电位的绝对值相对较高、载药量最大，HT 包封率偏低，但 SYR 包封率及总包封率最大。而且 F68 是一类新型的高分子非离子表面活性剂，具有无生理活性，无溶血性，能够耐受热压灭菌和低温冰冻等优点，可用于静脉注射。本研究的目的是对两种成分平衡包封，因此，选用 F68 作为稳定剂。

（3）有机溶剂的考察　在保持其他条件不变的情况下，以丙酮、二氯甲烷、乙酸乙酯，不同比例的丙酮与二氯甲烷等有机溶剂作为有机相，制备 SH 双载药纳米粒，判断有机溶剂对 SH 双载药纳米粒制备的影响。以乙酸乙酯，丙酮与二氯甲烷比例为 1∶5、4∶6 时制备的 SH 双载药纳米粒粒径均大于 150nm；在制备过程中，使用乙酸乙酯、丙酮与二氯甲烷混合溶剂作为有机相，当其滴入水相时出现分层及絮状物的现象，这是由于有机溶剂与水不互溶引起的。以丙酮为有机溶剂时，SH 双载药纳米粒粒径最小，Zeta 电位的绝对值较高，纳米粒分散均匀，且药物的包封率与载药量均较高。另外，有机相的选择对纳米粒制备的影响较为重要，所选择的有机溶剂应具有较低的沸点以方便去除、低毒安全等特点。综合考虑，选用丙酮为有机溶剂。

（4）超声时间的考察　保持其他条件不变，考察五个超声时间，分别为 60s、120s、180s、240s、300s，判断其对 SH 双载药纳米粒制备的影响。随着超声时间的延长，粒径逐渐增大，而包封率、载药量均逐渐减小，主要原因是超声时间的延长导致溶液体系内各纳米粒相互碰撞概率增加，互相聚结而形成较大的粒径，药物从纳米粒中泄漏而使包封率等降低。综合考虑，选择超声时间为 60s。

（5）磁力搅拌时间的考察　保持其他条件不变，考察 20min、40min、60min、80min、100min 五个磁力搅拌时间对 SH 双载药纳米粒制备的影响。随着磁力搅拌时间的延长，粒径稍有增大、包封率、载药量均逐渐降低，主要原因是磁力搅拌时间的延长导致溶液体系内各纳米粒互相聚结，而形成较大的粒径，药物从纳米粒中泄漏而使包封率等降低。综合考虑，选择磁力搅拌时间为 20min。

（6）磁力搅拌速度的考察　保持其他条件不变（10mL 丙酮；0.05% 泊洛沙姆

20mL；10% mPEG-PLGA；超声时间为 60s；磁力搅拌 20min）的前提下，制备 SH-NPs 的过程采用了不同的磁力搅拌速度，判断其对纳米粒制备的影响。考察五个搅拌速度分别为 600r/min、800r/min、1000r/min、1200r/min、1400r/min。当磁力搅拌速度为 600～1400r/min 时，SH-NPs 的平均粒径为 55～75nm，多分散指数为 0.06～0.10，分布较窄。伴随搅拌速度的提高，纳米粒的粒径逐步增加并且分布更窄直至基本恒定。主要原因是搅拌速度的增加导致溶液体系内各纳米粒、单体液滴之间相互碰撞率的增加，并在 SH-NPs 的表面会持续发生聚合，从而形成较大的粒径。当磁力搅拌速度为 1000r/min 时，包封率与载药量最高，原因为搅拌速度过低，粒径小承载的药量有限；搅拌速度过高，粒径大药物易从纳米粒中泄漏。故选择磁力搅拌速度为 1000r/min。

7.4.3 工艺验证

精密称量 20mg 的 10% mPEG-PLGA 分散于 10mL 丙酮中，超声使其溶解形成有机相；再将药物加入有机相中，超声溶解。在磁力搅拌下，将有机相滴加到含 0.05% F68 的 20mL 水相中，滴毕用细胞破碎仪超声 60s，磁力搅拌（1000r/min）20min，旋转蒸发（40℃）除去有机溶剂，即得纳米粒混悬液。

相同的操作条件及实验因素水平下，制备的纳米粒批间变化差异小，RSD＜5%，证明沉淀法制备纳米粒的工艺重现性良好。

7.4.4 讨论与小结

在载药纳米粒制备方法考察时，传统的乳化溶剂挥发法制备的纳米粒包封率和载药量不高且粒径超过 150nm，可能是由于在乳化的过程中，水溶性药物易从油相中脱离，并从粒子内部不断扩散进水相，这不仅降低药物的包封率，而且很有可能因为扩散后形成的孔道，造成药物释放过程中的"突释"现象。在制备过程中的电动势出现了正负两种现象，说明工艺不稳定。为了提高水溶性药物的包封率及载药量，本实验尝试使用复乳法，虽然复乳法制备的纳米粒粒径较小，包封率相对较高，符合本实验要求，但每批产品波动较大，与文献报道的此法影响因素较多、对实验条件及操作人员要求高相符。沉淀法制备的纳米粒溶液，外观呈淡蓝色乳光，粒径小于 100nm，分布较窄，Zeta 电位绝对值较大，包封率和载药量较高，TEM 观察纳米粒大小均匀圆球形，该方法操作简单，亦有报道此法也可用于水溶性药物的制备。故确定用沉淀法制备纳米粒。

由于纳米粒具有颗粒细小的特点，使其比表面积巨大而极易聚集或成团从而导致体系稳定性降低。因此需要加入稳定剂来抑制纳米粒的聚集，并增加体系的黏度，以减缓其沉降速率，同时稳定剂需具备低毒、安全等特点。通过研究，选择 F68 为稳定剂。搅拌及超声的目的在于能将滴加的有机相尽量分散形成微细的乳滴。搅拌速率过低，乳滴分散不完全，表面的单体聚合形成包裹囊，导致粒径增大，电位偏低；然而搅拌速率过大，又极易引起乳滴之间相互碰撞与融合，也会导致纳米粒的粒径增大；因此适宜的搅拌速率、搅拌时间及超声时间应当是既可避免油滴之间的碰撞，又能充分分散于有机相。

本部分实验确定了沉淀法为载药纳米粒制备方法。单因素结果为：10% mPEG-PLGA 共聚物为载体材料，有机溶剂为丙酮，稳定剂为 F68，细胞破碎仪超声时间为 60s，磁力搅拌速度为 1000r/min、时间为 20min。纳米粒的工艺验证表明重现性良好。

7.5 SH 双载药纳米粒的处方优化

7.5.1 优化方法

7.5.1.1 单因素考察

（1）F68 的浓度考察　保持其他条件不变的前提下，将 F68 的浓度设置成 0.00%、0.05%、0.10%、0.50%、1.00% 系列不同的浓度制备 SH 双载药纳米粒。考察 F68 的浓度对纳米粒制备的影响。

F68 的浓度对 SH-NPs 粒径大小的影响较大，其平均粒径随着 F68 浓度的增加而减小，到适宜浓度（0.1%）时最小，以后随着 F68 浓度增大粒径反而增大。试验发现未加入 F68 或其浓度为 0.05% 时，纳米粒粒径在 80nm 左右，原因主要在于 F68 用量过少，不能够覆盖所有 SH-NPs 的表面，进而引起粒子的聚集而使纳米粒变大。只有当纳米粒所有表面均被 F68 所覆盖时，才能够形成一个比较稳定的体系。当 F68 浓度为 0.05% 与 0.50% 时，HT 与 SYR 的包封率与总包封率较接近，但载药量差异较大（0.05% 的载药量远远大于 0.50% 的载药量）。鉴于本研究的目的之一是对两种成分平衡包封，故将其范围定为 0.05%～0.15%，采用星点设计-效应面法，对乳化剂浓度进一步优化考察。

（2）共聚物用量的考察　保持其他条件不变，选择 10mg、20mg、40mg、100mg、200mg、300mg 六个共聚物用量制备 SH 双载药纳米粒。随着 mPEG-PLGA 共聚物用量的增加纳米粒平均粒径逐渐增大。包封率与载药量随着 mPEG-PLGA 共聚物用量的增加而增加，达到某一值（20mg）时，又随着 mPEG-PLGA 共聚物用量的增加反而减小，原因是 mPEG-PLGA 共聚物量少时，不能将药物完全包载，而 mPEG-PLGA 共聚物的用量较大时，形成了较多的空白纳米粒。综合考虑，确定共聚物用量为 20mg 制备纳米粒。

（3）两药物比例的考察　保持其他条件不变的前提下，将羟基酪醇与丁香苦苷的药物比例设置成 4∶1、2∶1、1∶1、1∶2、1∶4 等五个比例制备 SH 双载药纳米粒。考察两药物比例的不同对制备纳米粒的影响。两药的比例对于粒径、PDI 及 Zeta 电位基本无影响。随着羟基酪醇与丁香苦苷比例由 4∶1 调整到 1∶2，羟基酪醇与丁香苦苷的包封率、载药量均逐渐增加，随后二者的包封率、载药量又逐渐减少。试验中发现，在五个比例条件下，羟基酪醇的包封率均大于丁香苦苷的包封率，分析原因是丁香苦苷为水溶性化合物，而羟基酪醇兼有脂溶性和水溶性的化合物，其分子量、体积比丁香苦苷小，所以更易于被包载于纳米粒中。在 1∶2 比例时，羟基酪醇与丁香苦苷的包封率、载药量及总包封率，总载药量最大。故确定羟基酪醇与丁香苦苷以 1∶2 的比例进行投料。

（4）药物用量的考察　保持其他条件不变，通过改变药物用量，判断药物用量对 SH 双载药纳米粒制备的影响。分别制备 3mg、9mg、15mg、21mg、27mg 五个药物用量的 SH 双载药纳米粒。随着药物用量的增加，包封率先增加后逐渐下降，载药量也先增加再减小趋势。因此制备过程中，药物的用量不宜过大，药量过大导致包封率反而下降。但从总体水平上来讲，药物仍然没有被包裹在 mPEG-PLGA 纳米粒中，而绝大部分是以游离状态溶解在水相介质中。说明药物用量大，被包裹药物的绝对量有增加，但相对量却降低了。对 PDI 与 Zeta 电位影响较小，粒径均小于 100nm。综合考虑，本课题需对药物总量进一步考察。

（5）有机相与水相体积比的考察　保持其他条件不变，选择有机溶剂与水的体积比为 1∶1.5、1∶2、1∶3、1∶3.5、1∶5、1∶10 六个比例制备 SH 双载药纳米粒。有机相与水相体积比对纳米粒的 PDI、Zeta 电位影响不大，而对粒径、包封率及载药量影响较大。原因体现在：SYR 和 HT 是分散于有机相的丙酮中，丙酮的比例越高，SYR 和 HT 的分散性越好；随着丙酮比例的逐渐降低，SH-NPs 的粒径逐渐变小，主要原因在于丙酮比例低使得 SYR 和 HT 在分散体系中的浓度过高，溶剂转换剧烈致使粒径减小。采用沉淀法制备纳米粒时，其中最关键的步骤就是界面骚动和溶剂转换过程，决定了是否能得到粒径、包封率都较好的纳米粒，稳定剂的均一性和药物在液滴中的包合均会影响药物的包封率和载药量，而液滴的大小以及挥发过程也会对粒径有一定的影响，有机相与水相的比例是形成纳米粒的关键因素，因此，本课题将以有机相与水相体积比为 1∶2 为中心点，采用星点设计-效应面法进一步优化有机相与水相体积比。

7.5.1.2 星点设计-效应面积法优化处方

星点设计-效应面法适用于多因素、多水平、指标复杂的体系，不仅能建立可靠的数学模型来反映效应和因素之间的关系，也可通过模型优选出较佳条件。相比于正交设计和均匀设计，其预测的精确度高，更有利于处方的优化，指标与因素的关系可以用三维图形式表示，更为直观。星点设计数学模型的拟合主要指多元线性和非线性的拟合，并进行逐步递减回归。通过对自变量与因变量的二次多项式拟合，采用效应面法选择较优的条件，并进行优化分析。

（1）实验设计　通过上述单因素的考察可知，水相与有机相的体积比、药物用量、表面活性剂浓度等三个因素对制备SH-NPs有显著的影响，可对其进一步优化，故采用三因素五水平的星点设计-效应面法设计实验。此设计中，水相与有机相的体积比、药物用量、表面活性剂浓度分别为独立因素 X_1、X_2、X_3，共设五水平表，包括中心点、析因设计点、极值点（即0、+1、-1、+a 和-a）。真实值和代码值见表7-5。以总包封率（Y_1，%）、总载药量（Y_2，%）为响应参数，按照星点设计方案安排试验，见表7-6。

表7-5　真实值和代码值

项目	水平				
	-1.682	-1	0	1	1.682
水相与有机相的体积比（X_1）	1.16	1.5	2	2.5	2.84
药物用量（X_2/mg）	9.95	12	15	18	20.05
表面活性剂浓度（X_3/%）	0.05	0.07	0.1	0.13	0.15

表7-6　按照星点设计方案安排试验

试验	变量			相应参数	
	X_1	X_2/mg	X_3/%	Y_1/%	Y_2/%
1	0	0	0	32.23	11.56
2	-1	1	-1	23.14	8.90
3	0	0	-1.682	24.41	7.48
4	-1	-1	-1	24.69	9.20
5	0	1.682	0	16.08	6.35
6	0	0	0	32.06	11.57
7	1	-1	1	30.60	9.02
8	0	0	0	32.07	11.52
9	1	1	1	27.88	6.88
10	0	-1.682	0	26.50	7.81
11	-1.682	0	0	20.89	9.11
12	1.682	0	0	23.23	10.54
13	0	0	0	32.52	11.60

续表

试验	变量			相应参数	
	X_1	X_2/mg	X_3/%	Y_1/%	Y_2/%
14	0	0	0	32.34	11.51
15	0	0	0	31.57	11.03
16	1	1	−1	23.32	10.42
17	1	−1	−1	17.32	8.41
18	−1	1	1	9.09	4.91
19	−1	−1	1	19.30	7.38
20	0	0	1.682	11.01	5.12

（2）模型拟合及方差分析　以评价指标包封率（Y_1）和载药量（Y_2）分别对 X_1、X_2、X_3 各因素采用 Design-Expert.V8.0.6 软件对实验数据进行多元线性和二次多项式回归拟合。多元线性的拟合度、置信度均偏低，因此采用二次多项式优化。优化方程为：

$$Y_1=-82.59+1.56X_1+10.08X_2+813.20X_3+1.25X_1X_2+310.60X_1X_3 \\ -24.13X_2X_3-11.87X_1^2-0.36X_2^2-5594.95X_3^2$$

$R^2=0.8423$，调整 $R^2=0.9170$，$P=0.0003$ 小于 0.05

$$Y_2=-48.64+2.44X_1+5.03X_2+428.80X_3+0.22X_1X_2+24.00X_1X_3-8.78X_2X_3 \\ -1.79X_1^2-0.16X_2^2-1880.91X_3^2$$

$R^2=0.9461$，调整 $R^2=0.9717$，$P<0.0001$ 小于 0.05

从 R^2 和 P 值可知，二次多项式拟合较好，可用于处方优化。根据方程描绘因变量和自变量的三维效应面和二维等高图，选取最佳的双载药纳米粒的最优处方。

$P<0.05$ 表明模型是显著的，其中 A、B、AC、A^2、B^2、C^2 是模型的显著项。对于包封率来说，水相与有机相体积比、药物用量是主要影响因素；对于载药量来说，水相与有机相体积比、药物用量及表面活性剂浓度均是主要影响因素。

总包封率（Y_1）与水相与有机相体积比（X_1）、药物用量（X_2）关系密切。随着水油体积比与药物用量的增加，总包封率先升高后再降低，在中心点水平取值时，总包封率较高。总载药量（Y_2）与水相与有机相体积比（X_1）、药物用量（X_2）及表面活性剂浓度（X_3）联系紧密。X_1、X_2、X_3 均取中心点水平值的效果较好。

（3）优化的处方验证　结合试验要求，效应面响应值较高的公共区域即为优选区域，从中选取较佳处方范围。本课题确定最佳处方条件为，$X_1=2.1:1$，$X_2=14.1$mg，$X_3=0.1\%$。依据最优工艺与处方条件制备三批样品，比较实测值与预测值的相对偏差，评价模型方程的可靠性。

实测值与预测值之间的偏差率较小，各项指标偏差均小于 ±5%，说明优化后的处方验证试验的预测值和实测值基本相吻合，星点设计 - 效应面法的预测效果良好，可以描述效应面和影响因素之间的关系。

以优化后工艺及处方制备的三批样品外观为淡蓝色乳光的液体，批间的各项指标变化差异小，说明重现性良好。

7.5.1.3 稳定性考察

将三批纳米粒置于室温 25℃ 及 4℃ 冰箱冷藏保存，分别于第 1 天、3 天、7 天、15 天取样观察外观、测定粒径、包封率及载药量等指标，考察纳米粒溶液的稳定性。结果表明，SH-NPs 在 4℃ 条件下存放 15 天，粒径稍有增加，Zeta 电位与载药量略下降，PDI 与包封率几乎没有变化，外观均匀，基本无絮凝和沉淀产生。而在 25℃ 时，粒径逐渐增加，Zeta 电位、载药量及包封率明显下降；存放 7 天，产生少许絮凝，振摇后可复原，均匀性尚好；放置 15 天后，出现不可逆沉降，包封率明显下降。说明温度对纳米粒稳定性影响较大，应低温保存，最好是以粉末形式贮藏。

7.5.2 讨论与小结

在包载药物的过程中，SYR 与 HT 两个成分之间存在竞争关系。在有限的载体材料中，包载药物的能力也是有限的，故改变药物用量及二者比例时，对两个成分的包封率及载药量均有影响。实验发现，在各因素影响下，羟基酪醇的包封率总是大于丁香苦苷的包封率。原因主要是丁香苦苷为水溶性化合物，而羟基酪醇兼有脂溶性和水溶性的化合物，且其分子量、体积比丁香苦苷小，所以羟基酪醇更易于被包载纳米粒中。经单因素的考察，选择水相与有机相的体积比、药物的浓度、F68 浓度等三个因素对制备 SH-NPs 进行优化，采用三因素五水平的星点设计 - 效应面法设计实验。从拟合结果知，采用二项式方程拟合具有显著性，且拟合效果优于多元线性回归模型。拟合后得出：包封率主要受水油体积与药物用量的影响显著，载药量受油水体积比、药物用量及 F68 浓度影响显著。实验验证表明：实测值与预测值之间的偏差率较小，各项指标偏差均小于 ±5%，说明验证试验的预测值和实测值基本相吻合，星点设计 - 效应面法具有较好的预测效果，能较好地描述效应面与因素之间的关系。

本实验部分经单因素结合星点设计 - 效应面法设计优化的最佳处方为：水油体积比为 2.1∶1，药物用量为 14.1mg，F68 浓度为 0.1%。依据最优工艺条件制备的 SH-NPs 三批样品各项评价指标变化差异小，说明重现性良好。

7.6 SH 双载药纳米粒冷冻干燥研究

冻干制剂的最理想状态是疏松多孔、均匀、细腻、饱满的固体粉末，由于技术参数复杂，操作设备具有灵活性，因此制剂的外观不理想，通常会出现变色、分层、起泡、表面不平整等情况；其品质的优劣与冻结温度、升温过程、真空度以及冻干保护剂的种类等密不可分，本研究侧重对冻干保护剂的筛选进行一系列考察。

7.6.1 研究方法

7.6.1.1 冻干保护剂的选择

若保证冻干后的样品色泽一致，不塌陷，不皱缩，再分散性良好，需要加入适宜的冻干保护剂。本研究选择葡萄糖、蔗糖、乳糖、海藻糖和甘露醇五种冻干保护剂为筛选剂。

五种冻干保护剂用量分别为 3%、5%、7%、10%，将计算量的冻干保护剂，加入 SH-NPs 混悬液中，分装至 10mL 安瓿瓶中，转移到冷冻干燥机搁板中，盖上真空盖并且启动真空泵开始真空冷冻干燥。冻干品以外观、色泽、复溶性、再分散性以及粒径等方面为指标进行考察，外观以表面平整、不褶皱、不塌陷、整块可脱落、不散碎为佳；色泽以颜色匀称、质地细腻、无斑纹为最佳；再分散性以冻干粉加入注射用水后，振摇不需要超声振荡能快速分散得均匀乳白色胶体溶液者为佳；以粒径小于 100nm，PDI 小于 0.3 的标准为最佳。粒径以及分散指数越小，分值越高。各指标以 10 分制进行评分，评分标准见表 7-7。

表7-7 评分标准

评分	外观	色差	溶解度	粒径和PDI
0~2	冲瓶、严重萎缩	色差极其显著	不溶	>400nm，>0.8
3~5	塌陷、分层、结块	色差显著	微溶	200~400nm，0.5~0.8
6~8	外观较好、离壁	色差不显著	可溶	100~200nm，0.3~0.5
9~10	外观饱满、体积不变	均匀，无色差	全溶	<100nm，<0.3

不同种类以及浓度的保护剂对纳米粒冻干样品的外观、粒径、包封率、再分散性以及复溶性等有极大的影响。五种保护剂中，以蔗糖和乳糖的保护与支持作用最差，冻干后外观皱缩、结块，甚至存在喷瓶现象，粒径分别为 721.2nm 和 588.5nm，PDI 分别为 0.74 和 0.52。乳糖复溶时即使超声数分钟，样品也很难溶解。以葡萄糖和海藻糖作为冻干保护剂，外观比较平整均匀，但冻干后出现结

块、塌陷、体积急遽减小等现象，复溶全部溶解，粒径分别为 251nm 和 237nm，PDI 分别为 0.23 和 0.39，冻干效果一般。5% 甘露醇具有良好的冻干效果，样品表面平整，质地疏松，无需超声分散便能得到大量均匀的乳白色纳米溶液，粒径小于 100nm，且多分散性指数为 0.205，综合考虑，选定浓度为 5% 的甘露醇为冻干保护剂。

7.6.1.2　冻干曲线

以温度为纵坐标，以冻干时间为横坐标绘图，得到冻干曲线（图 7-2），其中实线代表搁板温度，虚线代表制品温度。

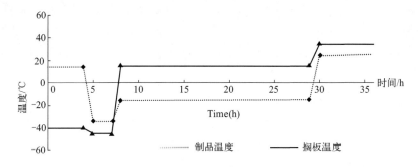

图 7-2　冻干曲线

由图 7-2 可确定纳米粒的冻干工艺为：取 SH-NPs 溶液 5mL 于安瓿瓶中，加入 5% 甘露糖，充分溶解后放入冷冻干燥机中，样品通过 4h 降温至 -40℃，持续 3h，待机器内完全处于真空状态，样品经过 2h 升温至 -10℃，并保持 25h，而后 2h 升温至 25℃，持续 5h，压塞，出箱，即得 SH-NPs 冻干粉。

7.6.1.3　工艺验证

按优化后的冻干工艺制备 3 批 SH-NPs 冻干品，考察各项指标。结果表明，冻干后与冻干前相比较，粒径有所增加，为 91.70nm ± 2.11nm，但仍小于 100nm，Zeta 电位与 PDI 基本无变化，包封率与载药量略有降低，RSD 均小于 5%。且冻干制品外观饱满，复水性良好。因此，冻干工艺重现性较好，工艺可行。

7.6.2　讨论与小结

冷冻干燥可以提高纳米粒样品的稳定性，保持其快速溶出和高溶解度的重要方法。本研究选用了葡萄糖、蔗糖、乳糖、海藻糖和甘露醇五种冻干保护剂，在这五种不同冻干保护剂中，5% 甘露醇具有良好的冻干效果，样品表面平整，质地疏松，外观规则统一，无需超声分散便能得到大量均匀的乳白色纳米溶液，粒径小于100nm，PDI为0.20。结合甘露醇的共晶点较低，药理作用比较简单，毒副作用小的优点，本研究选定浓度为5%的甘露醇为冻干保护剂。经三批验证产品表明，冻干制品外观饱满，体积基本无变化，复水性良好，说明冻干工艺重现性较好，工艺可行。

第8章

SH双载药纳米粒特性研究

8.1 试剂与仪器

试剂：丁香苦苷对照品、羟基酪醇对照品、磷钨酸、PBS等。

仪器：Zetasizer Nano-ZS90激光粒度分析仪、透射电子显微镜、HZS-HA水浴振荡器、e2695-2998高效液相色谱仪系统、C18色谱柱（250mm×4.6mm，5μm）、透析袋（截留分子量8000～14000）等。

8.2 研究方法

8.2.1 外观形态

采用沉淀法制备的SH双载药纳米粒冻干后样品呈现表面平整，质地疏松，外观规则统一的固态粉末。

8.2.2 粒度分布与Zeta电位的测定

取优化后的SH双载药纳米粒冻干样品用注射用水稀释至一定体积，超声数分钟，使纳米粒分散均匀，过0.45μm的微孔滤后，Zetasizer Nano激光粒度测定仪测定粒径和Zeta电位，每个样品平行测3次。结果显示：纳米粒冻干粉的粒径及PDI值分别为91.70nm±2.11nm和0.22±0.01，Zeta电位为−24.9mV±1.16mV，粒径呈正态分布。

8.2.3 包封率与载药量的测定

取优化后的SH双载药纳米粒，按第7章中建立的SYR和HT分析方法测定，每个样品平行测 3 次。结果显示：平均总包封率与平均总载药量分别为（31.07±1.21）% 和（11.78±0.31）%。

8.2.4 透射电镜分析

取适量优化后的 SH 双载药纳米粒冻干粉加注射用水复溶，经 0.45μm 滤膜过滤，将其滴入覆有支持膜的铜网上自然干燥 2～3min，用滤纸吸去多余的液体，滴入浓度为 2% 的磷钨酸溶液，染色 2～3min，自然干燥后，用透射电子显微镜观察 SH-NPs 的形态并拍摄照片。纳米粒样品中的粒子具有核－壳结构的类圆球形状，透射电镜观察粒径的大小与激光粒度测定仪测定结果基本吻合。

8.2.5 体外释药性能

本实验采用动态透析法来研究 SH 双载药纳米粒的体外释药特点，并利用不同的数学模型，如零级方程、一级方程、Higuchi、Rirger-Peppas、Weibull 等方程等对 SH 双载药纳米粒冻干粉体外释放行为进行拟合与释药机制的探讨。

8.2.5.1 释放介质的选择

在测定 SH 双载药纳米粒冻干粉中药物的释放度前，先考察 SYR 和 HT 在释放液中是否稳定。主要考察 pH 7.4 的磷酸盐缓冲液（PBS）、含 0.1% 吐温 80 pH 7.4 的 PBS、含 0.05% 十二烷基硫酸钠溶液（SDS）pH 7.4 的 PBS、含 30% 乙醇 pH 7.4 的 PBS。选用 pH 7.4 上述不同的释放介质，配制含 SYR 和 HT 分别为 6μg/mL 和 10μg/mL 的样品液，测定其在 0～24h 间的峰面积变化，考察 SH 在不同释放介质的稳定性。在 0～24h 之间，SYR 在各种释放介质中含量基本无变化；而 HT 在 pH 7.4 的 PBS 中，含量变化较小，在其他释放介质溶液中，含量均有大幅度下降。综合考虑，选用 pH 7.4 的 PBS 为释放介质进行释放度实验。

8.2.5.2 分析方法建立

（1）色谱条件　同 7.2.2 项下色谱条件相同。

（2）专属性考察　精密量取空白纳米粒 PBS 溶液、SH 对照品 PBS 溶液、SH-NPs 供试品 PBS 溶液，进样 10μL，注入液相色谱仪，记录色谱图。结果表明，空白纳米粒的 PBS 溶液与 SH 对照品溶液、SH-NPs 供试品溶液比较，在 SYR 和 HT 的相同保留时间处无吸收峰，无杂质干扰；SH-NPs 供试品 PBS 溶液与 SH 对照品 PBS 溶液比较，在 SYR 和 HT 在相同的保留时间处有吸收峰，并且 SYR 和 HT 的吸收峰能被很好地分离。因此，在此色谱条件下，载体材料不干扰样品测定,灵敏度高,专属性强、方法可靠。

(3)标准曲线的绘制　分别称取丁香苦苷和羟基酪醇对照品适量,置于10mL量瓶中,超声后用pH 7.4的磷酸盐缓冲液定容,配制浓度为100μg/mL、50μg/mL、25.0μg/mL、12.5μg/mL、5μg/mL、0.5μg/mL的系列丁香苦苷对照品PBS溶液与80μg/mL、40μg/mL、20μg/mL、5μg/mL、0.5μg/mL、0.1μg/mL的系列羟基酪醇对照品PBS溶液。按上述色谱条件测定峰面积,以峰面积为纵坐标(Y),进样浓度为横坐标(X)(μg/mL),绘制标准曲线。得线性回归方程为:丁香苦苷 $Y=16888X+3450.8$($R^2=0.9992$),羟基酪醇 $Y=16920X-8429.1$($R^2=0.9989$)。结果表明:丁香苦苷在0.5~100μg/mL范围内,羟基酪醇在0.1~80μg/mL范围内呈良好的线性关系。

(4)方法学考察　精密度、回收率及稳定性等考察结果表明,RSD均小于5%,符合相关要求,此方法可以用于释放度实验。

8.2.5.3　释放度试验

采用动态透析法进行释放度实验研究。具体操作:精密吸取一定量的SH双载药纳米粒冻干粉用适量pH 7.4的PBS溶解,稀释至一定浓度,得到SH-NPs的PBS溶液;再精确量取SH-NPs的PBS溶液5mL,转入经处理后的透析袋中,将袋口两端扎紧,置于盛有50mL pH 7.4的PBS的溶出杯中,避光恒温于37±0.5℃恒温水浴振荡器中以100r/min恒速振摇,分别于0.25h、0.5h、1h、2h、4h、6h、8h、12h、24h、36h、48h、60h、72h、84h、96h、120h及144h取1mL透析外液,并及时补充等量同温的新鲜释放介质。每隔12h换一次透析外液,以满足漏槽条件及避免羟基酪醇降解而影响实验。续滤液以HPLC测定释放介质中药物含量,计算各时间点纳米粒中丁香苦苷和羟基酪醇的累积释放率,并以累积释药百分率对时间作图,绘制载药纳米粒释放曲线。另精密称取含药量相等的丁香苦苷和羟基酪醇物理混合物,溶解于5mL pH 7.4的PBS转入透析袋内,其余操作同上。在各时间点的累积释放百分率(Q)的计算公式为:

$$Q(\%) = \left(V_0 \cdot C_t + V \cdot \sum_{n=1}^{t-1} C_t \right) \cdot 100\% \cdot W^{-1}$$

式中,C_t为在各时间点测得释放介质中的药物浓度(mg/mL),W为投入药物的总重量(mg),V_0为释放介质的总体积,V为每次取样的体积。

在0.5h,SH中HT和SYR释放度分别约为55%、35%,SH-NPs中HT和SYR的释放度分别约为14%和8%;在4h时,SH中两药的释放度在75%~90%之间,而SH-NPs中两药的释放度在25%~35%之间;在8h时,SH中两药的释放度已达 90% 以上，SH-NPs 中两药的释放度 96h 时才稳定在 70% 以上，在 144h 时，SH-NPs 中的 SYR 释放度为 72% 左右，HT 为 86% 左右。可见，将 HT 和 SYR 制成 SH 双载药纳米粒后，具有一定的缓释效果。另外，HT 和 SYR 的释放速率存在一些差异，HT 的释放速率与 SYR 比较，其释放较快，在同一时间点，HT 的累积释放量大于 SYR 的累积释放量，分析原因为 HT 的分子量、体积较 SYR 的分子量、体积小，则 HT 更易于从 SH 双载药纳米粒中释放出来所致。

8.2.5.4　释药动力学探讨

运用零级动力学方程、一级动力学方程、Higuchi 模型、Rirger-Peppas 模型、Weibull 模型等数学模型对 SH 双载药纳米粒和 SH 的体外释放行为进行拟合。结果表明，SH 双载药纳米粒中 SYR 和 HT 的释放行为均符合 Higuchi 方程。SYR 拟合方程为 $Q=6.796+18t^{1/2}$，R^2 为 0.979，HT 拟合方程为 $Q=-1.148+1.563t^{1/2}$，R^2 为 0.984。

8.2.6　SH 双载药纳米粒包封与释药规律探讨

多成分进行纳米包封，由于各成分之间的理化性质、分子量大小的不同，包封率与释药速率是有一定差异的。本研究通过以上实验，对 SH 双载药纳米粒的包封与释药的规律进行了初步探讨。

沉淀法制备 SH 双载药纳米粒过程为：mPEG-PLGA 与 SYR 与 HT 分散于有机溶剂丙酮后，滴入含有 0.1% F68 的水相中，两相混溶时溶剂体系的转换使 mPEG-PLGA 包裹药物形成纳米粒，并随有机溶剂的挥发而不断向界面迁移、沉淀。实验结果表明，SYR 与 HT 的包封率存在着一定的差异，在各种影响因素的试验条件下，HT 的包封率始终大于 SYR 的包封率。分析原因为，对于以 mPEG 与 PLGA 形成的 mPEG-PLGA 嵌段共聚物为纳米载体制备的纳米粒具有核 - 壳结构且粒径较小；与 SYR 相比，HT 的分子量、体积较小，则 HT 更易于被包埋于纳米粒中或吸附于纳米粒表面，所以 HT 的包封率较高。包载过程见图 8-1。

药物释放一般分为：起始突释、扩散释放和降解释放三个阶段。起始突释是指位于纳米粒表面或近表面、与纳米粒结合不牢固的药物在此阶段快速向释放介质中扩散，产生突释效应；扩散释放是指药物通过纳米粒表面孔道扩散而引起的释放；降解释放是指在一定时间后，因聚合物降解和纳米骨架的溶蚀而引起的药物释放。由于药物在扩散释放的同时，一般伴随着降解释放，所以大多数纳米载药体系中药物的释放是连续的。本研究所制备的 SH 双载药纳米粒体外释药可能

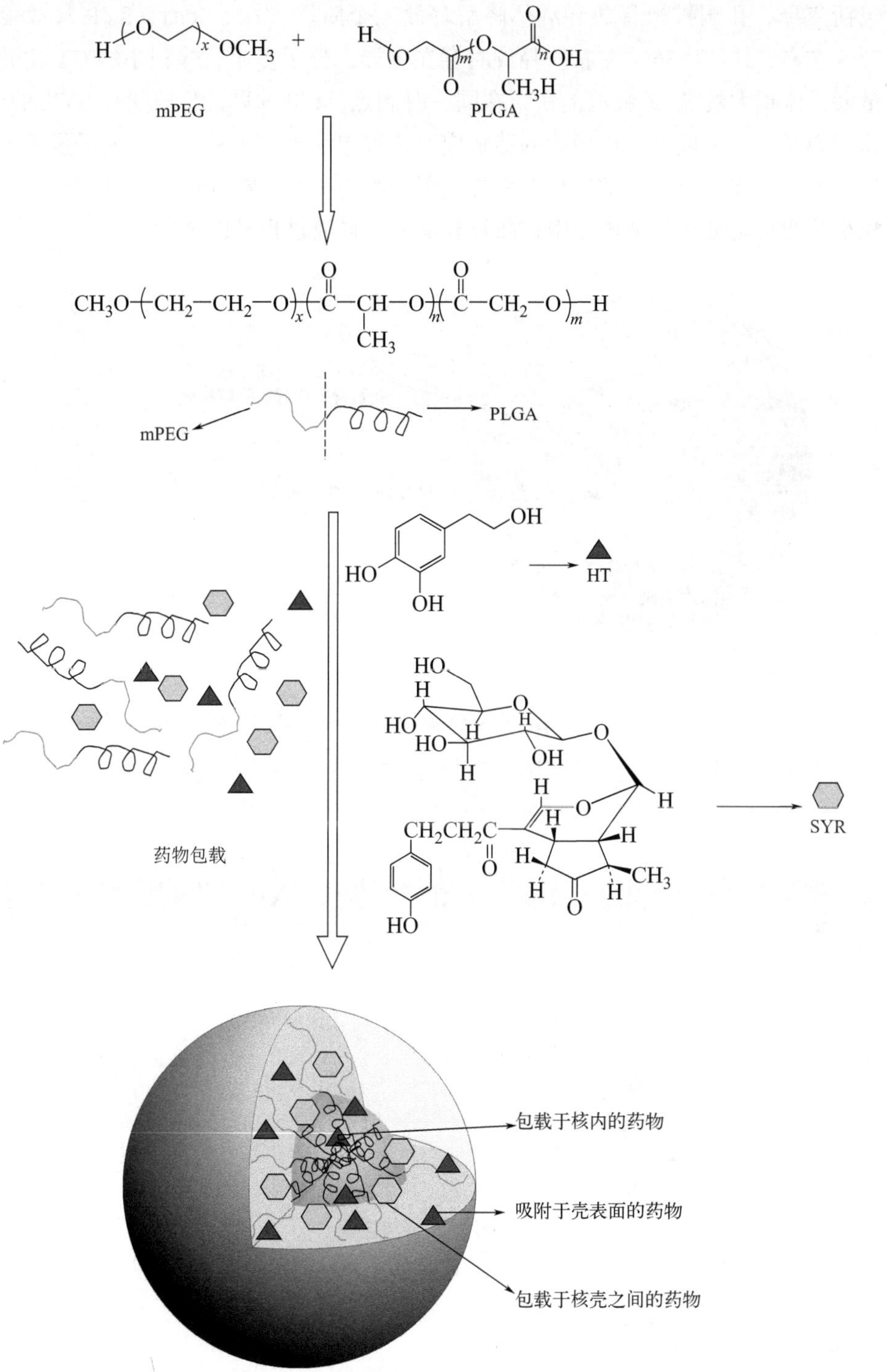

图8-1 包载过程

包括突释、孔洞扩散释放和载体降解释放三个阶段，在 6 天时，SYR 释放度为 72% 左右，HT 为 86% 左右。释放时存在差异，分子量小、体积小的 HT 比分子量大、体积大的 SYR 释放的快，在同一时间点，HT 的累计释放量较 SYR 的大，原因为：①分子量大、体积大的药物应该是被包埋于纳米粒中，而分子量小、体积小的药物除了包埋于纳米粒内部外还可能吸附在纳米粒表面。②分子量小，体积小的药物更易于从纳米粒中扩散释放出来。释放过程见图 8-2。

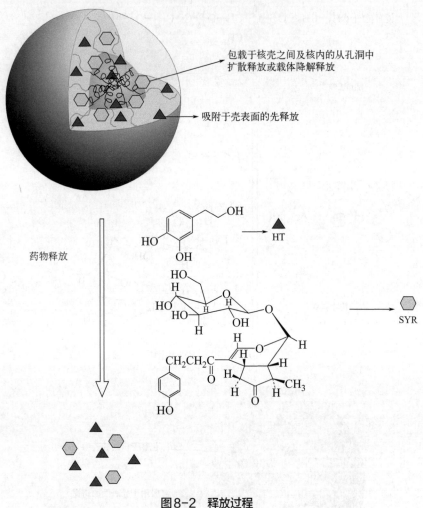

图 8-2 释放过程

8.3 讨论与小结

纳米粒的特性研究包括外观形态、粒径及分布、Zeta 电位的测定、透射电镜对形态的观察、体外释放研究等多方面内容。当前,对于纳米粒释药机制的评价较单一,大多数情况采用模拟人体内部环境进行体外释药试验的研究,并据此推测药物在体内释药行为。鉴于 SYR 和 HT 半衰期短以及易溶于水等特点,释放介质选择了 pH 7.4 的 PBS、含 0.1% 吐温 80 pH 7.4 的 PBS、含 0.5% SDS pH 7.4 的 PBS、含 30% 乙醇的 pH 7.4 的 PBS 对 SYR 和 HT 的稳定性进行考察,结果显示 HT 在 pH 7.4 的 PBS 释放介质中较稳定,在其他释放介质中的稳定性大大降低,SYR 在四种释放介质的均较稳定。综合考虑,选择 pH 7.4 的 PBS 作为 SH-NPs 的释放介质。为了考察透析袋对释药的影响程度,以相同的方法对 SH 生理盐水的释放行为进行比较测定,结果 0.5h 后即达到平衡,说明透析袋对 SH 双载药纳米粒释药的影响很小。本实验所制备的双载药纳米粒的释放度的测定,结果基本可以反映出两药物从纳米载体释放到介质中的整个过程。

SH 双载药纳米粒特性研究结果显示,纳米粒冻干前为淡蓝色乳光的液体,冻干后为质地疏松的白色固态粉末状,粒径小于 100nm,冻干前后 Zeta 电位、包封率与载药量基本无变化。透射电镜下 SH-NPs 呈完整圆球形状。SH-NPs 中 SYR 和 HT 释放均符合 Higuchi 方程,说明 SH 双载药纳米粒的释放具有缓释效果,HT 的释放速率大于 SYR 的释药速率。

第9章

SH双载药纳米粒大鼠体内药动学研究

9.1 生物样品中SH分析方法的建立

9.1.1 材料与动物

9.1.1.1 试剂与仪器

试剂：肝素钠、羟基酪醇对照品、丁香苦苷对照品、甲醇、乙腈（色谱纯）、超纯水等。

仪器：ACQUITY UPLC H-Class超高效液相色谱仪、BEH C_{18} 1.7μm 2.1×50mm色谱柱、HLB型SPE柱 300mg/mL、FA2004分析电子天平、TGL-16C型离心机、WH-1微型涡旋混合器、氮吹仪氮气发生器DFNC-5LB、微量移液器等。

9.1.1.2 实验动物

健康的SD大鼠（220g±25g，10周），根据现有的国际动物实验操作，所有动物由黑龙江中医药大学GLP实验中心提供。

9.1.2 研究方法

9.1.2.1 色谱条件

检测波长，221nm；流速，0.3mL/min；柱温，30℃；进样量，3μL；流动相，SYR为乙腈-水（20∶80，v/v），HT为乙腈-水（5∶95，v/v）。

9.1.2.2 样品处理方法

（1）固相萃取柱的活化　依次用3mL甲醇、3mL超纯水冲洗SPE柱，待水面刚好停到 SPE 柱填料表面后密封备用。

（2）血浆样品处理方法　精密吸取血浆样品 100μL，加 4% 磷酸溶液 100μL，涡旋混合 30s 后，经 SPE 柱过滤，依次用 1mL 超纯水、1mL 甲醇洗脱，收集甲醇洗脱液部分，并于 37℃水浴 N_2 下氮气吹干，加入 200μL 甲醇溶解，旋涡 1min，0.22μm 微孔滤膜过滤，进行 UPLC 分析，记录峰面积。峰面积代入标准曲线，计算各时间点样品中药物的浓度。

9.1.2.3　专属性考察

分别制备空白血浆（不加入 SYR 和 HT 标准品），含对照品的血浆（空白血浆加 SYR 和 HT 对照品）及尾静脉注射给药后血浆样品，按照 9.1.2.2（2）项下血浆样品处理方法进行操作，进行 UPLC 分析，获得色谱图。结果表明，SYR 和 HT 在血浆样品处理过程中未引入干扰性物质，血浆中的内源性物质也不干扰测定。

9.1.2.4　最低检测限及最低定量限的确定

将 SYR 和 HT 溶液不断稀释后进样分析，当色谱峰响应高于基线 3 倍时（S/N=3），所测定 SYR 和 HT 质量浓度为最低检测限；当色谱峰响应高于基线 10 倍时（S/N=10），所测定 SYR 和 HT 质量浓度为最低定量限。试验结果表明，SYR 和 HT 的测定的最低检测限为 4ng/mL 和 5ng/mL，SYR 和 HT 的测定的最低定量限为 11ng/mL 和 12ng/mL。由此可见，该方法的灵敏度较高，能满足 SYR 和 HT 分析方法的要求。

9.1.2.5　线性回归方程

（1）对照品溶液的配制

① 丁香苦苷对照品溶液的制备：精密称取 SYR 对照品 2.27mg，置于 25mL 量瓶中，甲醇定容，得到 90.8μg/mL 的对照品储备液，分别精密量取对照品储备液适量于量瓶中，加甲醇稀释至刻度，配成 SYR 浓度为 0.011μg/mL、2.27μg/mL、11.35μg/mL、22.7μg/mL、45.40μg/mL、90.80μg/mL 的系列对照品溶液备用。

② 羟基酪醇对照品溶液的制备：精密称取 HT 对照品 2.51mg，置于 25mL 量瓶中，甲醇定容至刻度，得到 100.40μg/mL 的对照品储备液，分别精密量取对照品储备液适量于量瓶中，加甲醇稀释至刻度，配成 HT 浓度为 0.013μg/mL、2.51μg/mL、12.55μg/mL、25.10μg/mL、50.20μg/mL、100.40μg/mL 的系列对照品溶液备用。

（2）大鼠血浆线性回归方程绘制　精密吸取丁香苦苷和羟基酪醇系列对照品

溶液 200μL，置于 1.5mL 离心管中，40℃水浴蒸干后，分别精密加入空白血浆 100μL，涡旋混合 1min 后，按 9.1.2.2 项下"样品处理方法"处理。进样 3μL，记录色谱图。分别以 SYR 与 HT 的峰面积为纵坐标 Y，以 SYR 与 HT 各自的浓度 X（μg/mL）为横坐标，用加权最小二乘法进行线性回归运算，求得 SYR 与 HT 的标准曲线方程分别为：

$$Y=3248.3X+30730 \quad (R^2=0.999)$$

$$Y=2378.3X+33401 \quad (R^2=0.994)$$

SYR 在 0.011～90.80μg/mL 浓度范围内，HT 在 0.013～100.40μg/mL 浓度范围内，浓度与峰面积均呈现良好的线性关系。

9.1.2.6 精密度试验

取空白血浆加入 SYR 与 SH 的对照品溶液，分别配置成 SYR 为 2.27μg/mL、45.40μg/mL、90.80μg/mL 和 HT 为 2.51μg/mL、50.20μg/mL、100.40μg/mL 低、中、高三个浓度血浆样品，每种浓度 3 份样品，按 9.1.2.2 项下的样品处理方法进行处理，进行测定，分别在日内和日间重复测定 5 次，考察其精密度，计算 SYR 和 HT 的日内和日间精密度。

结果表明，血浆样品批内数据差异小于 10%，日内与日间精密度符合检测标准。

9.1.2.7 方法回收率

取空白血浆，配制丁香苦苷浓度为 2.27μg/mL、11.35μg/mL、45.40μg/mL 和 HT 为 2.51μg/mL、25.10μg/mL、50.20μg/mL 的样品溶液，按 9.1.2.2 项下样品处理方法操作，每个浓度取 3 个批次进样 3μL，UPLC 分析测定，计算回收率及 RSD 值。结果显示：丁香苦苷和羟基酪醇在生物样品中的回收率均在 85% 以上，满足生物样品回收率在 85%～115% 的范围，RSD<15%，且符合定量下线附近应在 80%～120%、RSD<20% 的要求。

9.1.2.8 提取回收率

精密移取低、中、高三个浓度 SYR 和 HT 对照品溶液于具塞离心试管中，氮气吹干挥干，加入 200μL 空白血浆，按 9.1.2.2 项下样品处理方法操作，即得提取的血浆样品，进样 3μL，进行 UPLC 分析，记录色谱的峰面积。以提取后 SYR 和 HT 的峰面积除以未提取的相应浓度的 SYR 和 HT 的峰面积，即为 SYR 和 HT 的血浆及组织样品提取回收率。结果表明，提取回收率在 75% 以上，RSD

<15%。满足测定要求。

9.1.2.9 稳定性考察

以加入空白血浆配制 SYR 和 HT 高、中、低浓度的样品溶液，分成两份，其中一份于室温条件下进行稳定性实验。另一份样品置于 –20℃冰箱中放置 24h，取出在室温下自然融解，完全融化后再放置于 –10℃冰箱中，重复 3 次，测定。结果表明，SYR 和 HT 在血浆样品中的质量浓度测定值在 85%～115% 之间，表明血浆样品在上述条件下较稳定。

9.1.3 讨论与小结

生物样品中药物浓度的检测方式多采用高效液相色谱法、气相色谱法、薄层层析法等，本研究采用液相色谱法，灵敏度高，操作简便快捷，适合药代动力学研究。在分析方法建立过程中，以 SYR 和 HT 为检出物，当采用 HPLC 法进行测定时，流动相中的有机相无论是选用乙腈还是甲醇，不管加酸还是不加酸，分别考察了 0.6mL/min、0.8mL/min、1.0mL/min、1.2mL/min 流速，对于丁香苦苷来说，除了保留时间变化外，丁香苦苷色谱峰峰形及分离度均较好，无血浆内源性物质干扰；而对于羟基酪醇来说，羟基酪醇色谱峰与血浆内源性物质峰分离度较差，血浆及组织内源性物质干扰较严重。UPLC 具有分离度高、灵敏度高、专属性强、分析速度快等优点。目前，UPLC 多应用于代谢组学分析及其他一些生化领域，在天然产物的分析方面运用也逐渐兴起。因此，本实验尝试用 UPLC 来进行测定分析，对于丁香苦苷，有机相种类、加酸和不加酸及流速对丁香苦苷色谱峰峰形影响均较小，无血浆内源性物质干扰；对于羟基酪醇，当用乙腈为有机相，流速为 0.3mL/min，温度为 30℃时，羟基酪醇色谱峰与血浆内源性物质峰的分离度大大提高，满足生物样品的测定。故选择 UPLC 测定大鼠药动学及小鼠组织中药物的量。

生物样品中影响药物检测的主要杂质有蛋白和其他的一些血源性物质。当采用传统的液液萃取法处理生物样品后，HPLC 和 UPLC 检测杂质峰均较多，分析物的回收率低，分离效果不好。而采用固相萃取技术，UPLC 检测，可使药物与杂质达到良好的分离效果。4% 磷酸溶液破坏了蛋白与药物的结合，使药物和蛋白都达到游离状态；纯水可除去大部分吸附在 SPE 柱中的蛋白；丁香苦苷与羟基酪醇易溶于甲醇，故选用纯甲醇液洗脱 SPE 柱，得到所需样品。本实验采用 300mg/mL HLB 型 SPE 柱，按 9.1.2.2 项下样品处理方法处理的生物样品，通过 UPLC 检测其杂质峰很少。本方法适宜药动学研究中丁香苦苷与羟基酪醇的生物样品处理。

本实验建立了 UPLC 法测定大鼠血浆中丁香苦苷和羟基酪醇的浓度，血浆中内源性物质不干扰检测，丁香苦苷和羟基酪醇得到良好分离，精密度、回收率满足试验要求，结果表明本方法专属性强，灵敏度高，可用于血浆中丁香苦苷以及羟基酪醇的检测。

9.2 大鼠体内药动学研究

9.2.1 材料与动物

9.2.1.1 试剂与仪器

与 9.1.1 项下试剂与仪器相同。

9.2.1.2 实验动物

健康的 SD 大鼠（220g±25g，10 周），根据现有的国际动物实验操作，所有动物由黑龙江中医药大学 GLP 实验中心提供

9.2.2 实验方法

将 24 只 SD 大鼠，雌雄各半，随机分为 2 组，SH 生理盐水组和 SH-NPs 组。给药前 12h 禁食，不禁水，给药的方式为尾静脉注射，剂量均为 40mg/kg。给药后 SH 生理盐水溶液组分别于第 5min、10min、15min、20min、30min、40min、50min、60min、90min；SH-NPs 组分别于第 5min、10min、15min、30min、60min、120min、240min、480min、600min、720min、1440min、2160min 大鼠眼眶取血约 0.5mL，置于涂有肝素的塑料离心管中，5000r/min 离心 10min，取血浆，按 9.1.2.1 项下样品处理方法处理后，UPLC 检测，计算血药浓度。

9.2.3 实验结果

9.2.3.1 血药浓度 – 时间

用本章建立的 UPLC 法检测血浆中 SYR 和 HT 浓度。以血药浓度为纵坐标，时间为横坐标绘制药时曲线。结果所示，SH 生理盐水组的初始 SYR 和 HT 浓度高于 SH-NPs 组的，尽管如此，与 SH-NPs 组相比，SH 生理盐水组在血液循环系统中 SYR 和 HT 消除较快。说明 SYR 和 HT 制成纳米粒后，延长了药物在体内的循环时间。

9.2.3.2 药动学参数

采用 DAS 2.0 软件进行动力学模型拟合、参数分析，并使用 SPSS17 软件对数据进行方差分析。数据拟合后可知大鼠尾静脉注射 SH 和 SH-NPs 后在体内均符合二室模型。SH-NPs 中丁香苦苷的 $T_{1/2(\alpha)}$、$T_{1/2(\beta)}$ 分别是 SH 中丁香苦苷的 1.06 倍和 3.17 倍，AUC 值是 SH 中丁香苦苷的 3.70 倍，差异显著（$P<0.01$），血浆清除率仅为 SH 中丁香苦苷的 0.26，差异显著（$P<0.01$）。而 SH-NPs 中羟基酪醇的 $T_{1/2(\alpha)}$、$T_{1/2(\beta)}$ 为 SH 中羟基酪醇的 1.33 倍和 2.32 倍，AUC 值为 5.55 倍，差异显著（$P<0.05$），血浆清除率仅为 SH 中羟基酪醇的 0.179，差异显著（$P<0.01$）。说明，SYR 和 HT 制成纳米粒后改变了其药物代谢动力学参数，SYR 和 HT 纳米化后能够显著延长两药物在大鼠体内的半衰期和体内滞留时间，清除率明显降低，使 AUC 值增大，提高了两药物的生物利用度，发挥了长效作用。

9.2.4 讨论与小结

目前，中药制剂的药动学研究常用方法有血药浓度法和生物效应法两类，在纳米制剂的药动学研究中，最常用的研究方法是经典的血药浓度法。药动学统计软件有许多，在国内应用较多的为 3P97、DAS 软件。本研究采用血药浓度法进行 SH 双载药纳米粒药动学研究，应用 DAS2.0 药动学软件分析药动学参数，SPSS17.0 统计学软件进行差异性分析。研究结果表明，SH 双载药纳米粒改变了其药物代谢动力学参数，SH-NPs 组中 SYR 和 HT 的血药浓度与 SH 组相比较，$T_{1/2\beta}$、AUC 值及血浆清除率等参数均具有显著差异性（$P<0.05$ 或 $P<0.01$），说明 SYR 和 HT 制成 mPEG-PLGA 纳米粒后延长了 SYR 和 HT 在体内的半衰期和滞留时间，提高了生物利用度。原因可能是以 mPEG-PLGA 嵌段共聚物为载体制备的纳米粒有效地保护了药物，避免被酶类分解，亦与文献所述 PEG 化的纳米粒可延长体内循环时间而具有长循环效果是一致的。

SH 双载药纳米粒能够显著延长 SYR 和 HT 在大鼠体内的半衰期和体内滞留时间，清除率明显降低，说明 SYR 和 HT 制成纳米粒后，大大提升 SYR 和 HT 的生物利用度，并发挥长效作用。

第10章

SH双载药纳米粒靶向性研究

10.1 生物样品中SH分析方法的建立

10.1.1 材料与动物

10.1.1.1 仪器与试剂

与9.1.1.1项下的仪器与试剂相同。

10.1.1.2 实验动物

昆明种小鼠（20g±5g），根据现有的国际动物实验操作，所有动物由黑龙江中医药大学GLP实验中心提供。

10.1.2 方法与结果

10.1.2.1 色谱条件

检测波长为221nm；流速为0.3mL/min；柱温为30℃；进样量为3μL；流动相，SYR为乙腈-水（20∶80，v/v）；HT为乙腈-水（5∶95，v/v）。

10.1.2.2 样品处理方法

（1）固相萃取柱的活化　依次用3mL甲醇、3mL超纯水冲洗SPE柱，待水面刚好停到SPE柱填料表面后密封备用。

（2）组织样品处理方法　取心、肝、脾、肺、肾组织样品，表面残留的血液用生理盐水清洗后，滤纸吸干，精密称重，加2倍体积的生理盐水，匀浆器制备成匀浆液。取组织匀浆200μL，加4%磷酸溶液100μL，涡旋混合1min，3000r/min离心10min。上清液经SPE柱过滤，依次用1mL超纯水、1mL甲醇洗脱，收集甲醇洗脱液部分，并于37℃水浴下氮气吹干，加入200μL甲醇溶解，涡旋混合

1min，0.22μm 微孔滤膜过滤，进行 UPLC 分析，记录峰面积。峰面积代入标准曲线，计算各时间点样品中药物的浓度。

10.1.2.3 专属性考察

分别制备小鼠空白血浆以及心、肝、脾、肺和肾空白匀浆液（不加入 SYR 和 HT 的对照品溶液），含对照品的血浆和各组织匀浆液（空白血浆与空白匀浆液中加 SYR 和 HT 对照品）及尾静脉注射给药后血浆与各组织样品，按照 10.1.2.2 项下样品处理方法进行操作，进样 3μL，UPLC 分析，获得色谱图。

结果表明，获得的小鼠空白血浆和脏器的液相色谱图，所用液相条件适宜，处理方法理想，生物样品中的内源性物质不影响对丁香苦苷和羟基酪醇的检测，此方法专属性良好，保留时间适当，适合本研究中生物样品的分析。

10.1.2.4 线性回归方程

（1）对照品溶液的配制　丁香苦苷对照品溶液的制备、羟基酪醇对照品溶液的制备与第 9.1.2.5 项下相同。

（2）小鼠生物样品线性回归方程　精密吸取丁香苦苷和羟基酪醇系列对照品溶液 200μL，置于 1.5mL 离心管中，40℃水浴蒸干后，分别精密加入心、肝、脾、肺和肾的空白组织匀浆液及空白血浆 100μL，涡旋混合 1min 后，按 10.1.2.2 项下样品处理方法处理。进样 3μL，记录色谱图。分别以丁香苦苷和羟基酪醇的峰面积为纵坐标 Y，以丁香苦苷和羟基酪醇各自的浓度 X（μg/mL）为横坐标，用加权最小二乘法进行线性回归运算，求得标准曲线方程。各组织中标准曲线见表 10-1。

表 10-1　各组织标准曲线

对照品	组织	标准曲线	浓度/(μg/mL)	R^2
SYR	心	$Y=1791.2X+23866$	0.011~90.80	0.9921
	肝	$Y=1543.3X+22501$	0.011~90.80	0.9973
	脾	$Y=1298.8X+31492$	0.011~90.80	0.9980
	肺	$Y=1195.2X+34358$	0.011~90.80	0.9968
	肾	$Y=3574.4X+34274$	0.011~90.80	0.9961
	血浆	$Y=9016.1X+113537$	0.011~90.80	0.9966
HT	心	$Y=1000.9X+29641$	0.013~100.40	0.9990
	肝	$Y=1242.4X+12792$	0.013~100.40	0.9985
	脾	$Y=948.84X+30799$	0.013~100.40	0.9966
	肺	$Y=1654.5X+22347$	0.013~100.40	0.9967
	肾	$Y=2354.2X+36595$	0.013~100.40	0.9988
	血浆	$Y=4691.6X+78272$	0.013~100.40	0.9982

由表 10-1 可见，在丁香苦苷在 0.011～90.80μg/mL 浓度范围内，羟基酪醇在 0.013～100.40μg/mL 浓度范围内，各自浓度与峰面积均呈现良好的线性关系。根据标准曲线，心、肝、脾、肺和肾丁香苦苷和羟基酪醇测定的线性范围分别为：0.011～90.80μg/mL 和 0.013～100.40μg/mL。

10.1.2.5　精密度试验

取小鼠空白血浆及各空白组织匀浆液，精密加入 SYR 与 HT 的对照品溶液制备成 SYR 低、中、高三个浓度 2.27μg/mL、11.35μg/mL、45.40μg/mL 和 HT 低、中、高三个浓度 HT 为 2.51μg/mL、25.10μg/mL、50.20μg/mL 的血浆及各组织样品，每个样品 3 份，按 10.1.2.2 项下样品处理方法操作，UPLC 进行测定，记录色谱峰的峰面积，并计算 SYR 和 HT 的日内精密度及日间精密度。结果表明，血浆样品批内数据差异小于 10%，日内与日间精密度符合检测标准。

10.1.2.6　方法回收率

取空白血浆或组织匀浆液，配制 SYR 浓度为 2.27μg/mL、11.35μg/mL、45.40μg/mL 和 HT 浓度为 2.51μg/mL、25.10μg/mL、50.20μg/mL 的样品溶液，按 10.1.2.2 项下样品处理方法操作，进样 3μL，UPLC 测定，计算回收率及 RSD% 值。结果显示：丁香苦苷和羟基酪醇在生物样品中的回收率均在 85% 以上，满足生物样品回收率在 85%～115% 的范围，RSD＜15%。

10.1.2.7　提取回收率

精密移取低、中、高三个浓度 SYR 和 HT 对照品溶液于具塞离心试管中，氮气吹干挥干，加入 200μL 空白血浆及空白组织匀浆液，按 10.1.2.2 项下样品处理方法操作，即得提取的血浆及组织匀浆液样品，进样 3μL，进行 UPLC 分析，记录色谱峰的峰面积。以提取后 SYR 和 HT 的峰面积除以未提取的相应浓度的 SYR 和 HT 的峰面积，即为 SYR 和 HT 的血浆及组织样品提取回收率。结果表明提取回收率在 75% 以上，RSD＜15%。满足测定要求。

10.1.3　讨论与小结

本实验建立了 UPLC 法测定小鼠组织中 SYR 和 HT 的浓度，组织中内源性物质不干扰检测，SYR 和 HT 得到良好分离，精密度、回收率满足试验要求，结果表明本方法专属性强，灵敏度高，可用于血浆中 SYR 和 HT 的检测。

10.2 小鼠体内分布研究

本研究设计纳米粒作为药物载体主要目的之一是导药于靶组织或靶细胞内，而制剂是否符合设计要求，常用体内分布试验来评价。以小鼠作为试验动物，通过小鼠尾静脉注射途径给药，采用超高效液相色谱法测定小鼠体内药物的含量，以 SH 生理盐水溶液为对照，研究了 SH 双载药纳米粒在小鼠体内的分布情况，并通过多个参数来评价纳米粒给药系统的靶向性。

10.2.1 材料与动物

与 10.1.1 项下相同。

10.2.2 实验方法

健康的昆明种小鼠 60 只，雌雄各半，随机分为 2 两组，SH 组和 SH-NPs 组。给药前 12h，动物禁食不禁水，尾静脉注射给药，给药剂量为 40mg/kg。

尾静脉注射给药后，于 0.25h、0.5h、1h、1.5h、3h 眼眶取血并脱臼处死小鼠，迅速摘取心脏、肝脏、脾脏、肺脏和肾脏器官，用生理盐水洗净各组织表面的残血，并用滤纸将水分吸干，按 10.1.2.2 项下样品处理方法进行操作，制备血样及各组织样品，按已建立的 UPLC 的色谱条件分析。

10.2.3 实验结果

10.2.3.1 各组织中的药物实测浓度

小鼠分别静脉注射给药 SH 生理盐水和 SH-NPs 后，测定给药后各个时间点心、肝、脾、肺和肾及血浆中 SYR 和 HT 的浓度。结果显示，小鼠给药后 SYR 和 HT 的浓度以肝脏为最高，其次为肾，心脏中 SYR 和 HT 的浓度最低；SH-NPs 组与 SH 组比较，SH-NPs 组各组织中 SYR 和 HT 浓度比 SH 组中的高，且衰减时间有所延长。说明给予 SH-NPs 后，SH-NPs 经体循环快速富集于肝脏，而在血液和其他组织中分布较少，SH 双载药纳米粒保护了 SYR 和 HT 被酶类等破坏而达到一定的缓释效果。

10.2.3.2 靶向性评价

靶向性评价是以普通制剂为参比，利用药物浓度（C）、血药浓度-时间曲线下面积（AUC）为主要评价依据。评价指标有峰浓度比值（Ce）、相对摄取率

(Relative uptake efficieney，RUE）以及相对靶向率（Relative targeting efficiency，RTE）。

（1）峰浓度比值（Ce）　峰浓度比值（Ce）为载药纳米粒与对照制剂在不同组织中峰浓度的比，每个组织或器官中的 Ce 值表明制剂改变药物分布的效果，Ce 值愈大，改变药物分布的效果愈明显。

Ce=（Cmax）$_{NPs}$/（Cmax）$_{solution}$，其中 C 为峰浓度，C_{NPs} 和 $C_{solution}$ 分别表示纳米粒和溶液。SH-NPs 中 SYR 和 HT 在肝的 Ce 值分别为 1.88 和 1.69，说明 SH-NPs 可显著明显提高 SYR 和 HT 在肝的分布；虽 SH-NPs 在脾和肺中 Ce 值的也都大于 1，但均小于肝，说明纳米粒提高药物在脾和肺两种器官的分布弱于肝脏中的分布；然而 SH-NPs 在心和肾两器官中 SYR 和 HT 的 Ce 值均小于 1，说明 SH-NPs 减少了 SYR 和 HT 在心和肾两种器官中的分布。

（2）相对摄取率　相对摄取率（Relative uptake efficieney，RUE）为各器官或组织的药物制剂与药物溶液药时曲线下面积之比，反映的是剂型对组织中药物吸收的影响。RUE=AUC_{NPs}/$AUC_{solution}$，AUC_{NPs} 表示纳米粒在靶器官肝中的药时曲线下面积，$AUC_{solution}$ 表示溶液制剂在靶器官中的药时曲线下面积。RUE 大于 1 时，表示该器官或组织对药物制剂具有较强的摄取能力，RUE 值愈大摄取能力愈强，等于或小于 1 表示无摄取能力。SH-NPs 可明显提高 SYR 和 HT 在肝脏中的 RUE 值，表明 SH-NPs 可增强 SYR 和 HT 在肝的摄取。但是在肾部持续时间较短，这可能是与肾脏的代谢有关。SH-NPs 可明显减少 SYR 和 HT 在心的 RUE 值，表明该纳米粒可减少 SYR 和 HT 在心的分布。

（3）相对靶向率 RTE　相对靶向率（Relative targeting efficiency，RTE）是相对于对照制剂药物在组织中的分布比率。当 RTE 大于零时，与对照制剂相比，组织中药物分布提高，即靶向效率提高；RTE 小于零时，说明靶向效应减弱。

AUC_{sum}=AUC_{liver}+AUC_{Spleen}+AUC_{Lung}

RTE=［（AUC_{tissue}/AUC_{sum}）$_{NPs}$－（AUC_{tissue}/AUC_{sum}）$_{solution}$］/（AUC_{tissue}/AUC_{sum}）$_{solution}$

AUC_{tissue} 表示同一制剂在靶器官中药 - 时曲线下面积；AUC_{sum} 表示同一制剂总的药 - 时曲线下面积。总靶向效率可用于比较同一制剂对不同组织的趋向性差异。SH-NPs 可明显提高 SYR 和 HT 在肝的靶向效率，其值分别达到 8.5% 和 6.98%。与此同时，该纳米粒明显降低 SYR 和 HT 在心中的 RTE 值为 –0.84% 和 –0.79%，肾的 RTE 值为 –0.16% 和 –0.28%；对脾、肺的靶向性明显降低。在多数取样时间点，载药纳米粒及对照制剂 SYR 和 HT 在心、肾的浓度均低于定量限，致使相应参数均未获得，说明 SYR 和 HT 对心脏不会存在毒性，但药物会对肾脏会有一定作用。

10.2.4 讨论与小结

药物的理化性质不同及生理因素的差异，药物在体内的分布是不均匀的，不同的药物有不同的体内分布特征。未经修饰的纳米粒属于被动靶向制剂，被动靶向的纳米粒通常利用静电作用等化学性质及粒径大小等物理因素实现靶向目的。粒径大小对被动靶向影响较大，100～200nm 的纳米粒可到达肝库普弗细胞溶酶体中；更大的纳米粒很快被网状内皮系统（RES）吞噬而到达网状内皮组织丰富的肝、脾组织；50～100nm 的粒子能进入肝实质细胞；小于 50nm 能穿透肝、胰、肠、胃的毛细管内皮，或通过淋巴传递到脾脏和骨髓细胞，甚至可通过血脑屏障进入脑组织；小于 10nm 的微粒则积集于骨髓。本研究制备的 SH-NPs 粒径在 100nm 以内，肝靶向显著，从而提高了药物的治疗效果，具有良好的缓释效果。

10.3 基于 FIVE 技术的肝靶向性研究

靶向制剂的靶向性评价主要有体内组织分布和小动物活体成像两方面，但这两种方法只能说明药物对各组织的靶向性，不能表明药物是否进入了细胞内。近年来问世的荧光内窥式激光共聚焦成像系统（Fluorescence in Vivo Endomicroscopy，FIVE）可实现动物活体内实时的细胞尺寸水平的观测，进行细胞内递药的研究。荧光内窥式激光共聚焦成像系统是一个小型化、便携式的成像系统。FIVE 技术是将共焦显微成像系统和单模成像光纤束及微物镜结合起来形成的新型共焦扫描显微技术。它利用成像光纤束和微物镜系统将光导入身体内部，并利用扫描技术依次对每一点进行共焦成像。可用于揭示药物或分子标记在单细胞内的分布、细胞的活体追踪、基因表达在细胞内的机构定位及微血管结构。激发光源——488nm 的固体激光管，2 个标准的检测波段，检测涵盖了从绿色到近红外的荧光。可以通过图像的重构，建立真实三维结构的显微镜水平的检测。成像深度采用交互式控制机制，4μm 为一个步进，从组织的表面检测至数百微米的深层。例如：对黏膜组织的观察可以在数秒内完成，从表面上皮细胞到固有层直至更深的微脉管系统。该系统克服了普通共焦显微镜不能对体内组织细胞进行在体成像的缺点，同时具有高分辨率、高对比度等优点，已经成为了用于疾病早期诊断的最具发展潜力的新型成像技术之一，具有广泛的临床应用前景。

为了探讨纳米粒是否能靶向于肝细胞，本研究采用荧光内窥式激光共聚焦成像技术进行纳米粒细胞内靶向性的研究。

10.3.1 材料与动物

10.3.1.1 试剂与仪器

试剂：FITC 荧光剂、戊巴比妥钠等。

仪器：DF-101Z 集热式恒温加热磁力搅拌器、Autotune 高强度超声波细胞破碎仪、FA2004 分析电子天平、真空冷冻干燥机 GLZY-0.5B、荧光内窥式激光共聚焦成像系统等。

10.3.1.2 实验动物

昆明种小鼠（20g±5g）12 只，根据现有的国际动物实验操作，所有动物由黑龙江中医药大学 GLP 实验中心提供。

10.3.2 实验方法

10.3.2.1 FITC-SH-NPs 制备

精密称量 10% mPEG-PLGA 共聚物 20mg 分散于 10mL 丙酮中，超声使其溶解形成有机相。再将 14.1mg 药物和 3mg 异硫氰酸荧光素（FITC）荧光标记物分散于有机相中，超声溶解。配制浓度为 0.1% 的 F68 21mL 形成水相。在 1000r/min 的磁力搅拌条件下，将有机相滴加到水相中，滴毕细胞破碎仪超声 60s，磁力搅拌（1000r/min）20min，旋转蒸法（40℃）除去有机溶剂，即得 FITC-SH-NPs。

10.3.2.2 成像原理

在 FIVE 1 系统中，由激光器发射出的光首先经激光分束器及扫描系统后，被聚焦透镜聚焦到光纤中，然后，由光纤射出的光经微物镜照射待测的样品。接着，由样品反射的光信号沿原路返回，并经分束器被探测器接收后进入计算机，即完成了一个样品点信息的采集。通过对样品的横向和轴向扫描，就实现了对样品各点信息的采集，最后通过重构软件，便可获得样品的三维图像。

10.3.2.3 实验操作过程

分组与给药方式：健康的昆明种小鼠 12 只，雌雄各半，随机分为 2 组，FITC-SH-NPs 组和 FITC 溶液组。给药前动物禁食不禁水 12h 后，尾静脉注射给药，给药剂量为 10mg/kg。实验前于小鼠腹腔注射 2% 戊巴比妥钠（0.1mL/20g）深度麻醉动物。待小鼠麻醉后，尾静脉注射给药。在小鼠肝脏部位做微创手术，将共聚焦显微镜探针置于肝脏处，各实验组在 5min、15min、30min、1h、2h 及

4h 实时拍照。

10.3.3 实验结果

10.3.3.1 肝细胞观测

对荧光内窥式激光共聚焦成像系统观测到的照片进行定性分析。结果发现，FITC 溶液组没有荧光，看不到肝细胞的轮廓，而 FITC-SH-NPs 组有荧光，肝细胞轮廓清晰。因此，排除了游离 FITC 对测定干扰。

对于 FITC-SH-NPs 组，在 5min 开始就可观察到荧光，且肝细胞轮廓清晰，随着时间的延长，纳米粒由细胞外逐渐进入细胞内部，数量亦逐渐增加，说明具有正相关性。在 15min 前，FITC-SH-NPs 分布在肝细胞间，在 30min 时，FITC-SH-NPs 向内移动到细胞膜内侧，当给药 1h 时，FITC-SH-NPs 进入到了细胞内部，在 2h 和 4h 时，FITC-SH-NPs 在肝细胞内大量聚集。由此可见，FITC-SH-NPs 可以递药于肝细胞内。

10.3.3.2 其他组织细胞观测

本实验对其他组织细胞进行了初步研究。主要观察了心、脾、肺及肾等组织的细胞。

FITC-SH-NPs 亦可分布于心、脾、肺及肾等组织细胞。各组织细胞荧光强度由弱到强依次为：心、肺、脾、肾。与小鼠体内组织分布实验的结果基本是一致的。关于对组织细胞内靶向进一步深入的研究，课题组仍在进行中。

10.3.4 讨论与小结

内窥式激光共焦成像技术是近两年提出的能进行动物体内组织细胞高分辨率、在活体成像的新的一项技术。FIVE 1 是一套全点扫描的激光共聚焦成像系统，具有超高的分辨率和 475mm×475mm 的视域，可直接观察生命现象的分子机制，而无需处死动物或将组织从活体内摘出。荧光成像的相关参数进行了最大程度的优化，涵盖大多数临床前动物模型的研究和应用领域。对于荧光内窥式共焦成像技术的应用，国外已有在微血管结构、肝脏疾病、胃肠疾病、脑黏膜组织及关节组织等多方面进行的相关实验研究的报道，但将此成像技术应用于纳米制剂的细胞内递药的研究未见报道。总之，荧光内窥式共聚焦成像技术的问世，必将对疾病的在体诊疗和靶向制剂的研究产生革命性的作用。

目前，纳米粒细胞内递药的研究手段主要是体外细胞的摄取研究，细胞的培养对环境要求严格,操作繁琐,实验时间较长,而内窥视式激光共聚焦成像系统恰恰相反,在常规的实验室内就可进行,只需对动物进行微创手术,探针置于要检测的动物组织上,即实现了活体动物的细胞水平的实时观测。

通过对内窥视式激光共聚焦成像的观测可见,小鼠尾静脉给药后,FITC 标记的 SH-NPs 随着时间的延长,荧光强度增强,纳米粒由细胞外逐渐进入细胞内部,数量亦逐渐增加,说明纳米粒进入细胞内的数量与时间呈正相关性。因此,本实验不但证实纳米粒可到达肝脏,而且能进入肝细胞内部。

第11章

SH双载药纳米粒的细胞毒性研究

11.1 材料与细胞

11.1.1 试剂与仪器

试剂：RPMI-1640液体培养基、10%优级胎牛血清、胰蛋白酶、磷酸盐缓冲液（PBS）、双抗（青霉素/链霉素）、噻唑蓝（MTT）溶液、二甲基亚砜（DMSO）、PI（碘化丙啶）、SH-NPs冻干粉等。

仪器：超净工作台、倒置光学显微镜、离心机、液氮罐、细胞培养板、细胞培养瓶、高压灭菌锅、荧光显微镜、流式细胞仪、HE染色试剂盒、细胞周期检测试剂盒等。

11.1.2 实验细胞

HepG2.2.15细胞株。

11.2 实验方法

11.2.1 细胞培养

用含有10%胎牛血清的RPMI-1640培养基培养HepG2.2.15细胞。细胞生长在37℃、5% CO_2 条件下，实验取用对数生长期的细胞。

（1）细胞复苏　快速融化法是常用的细胞复苏方法，此方法可以保证细胞冻存液快速融化、避免细胞外水分渗入细胞内，再次形成细胞内结晶而损伤细胞。

操作：将细胞冻存管从液氮罐中取出，迅速放入40℃水浴中，不断振摇，使其1min内融化，立即取出冻存管，用酒精擦拭，放进操作台内，将细胞悬液转移到离心管中,加入 3mL 培养基,吹打混匀。1000r/min 离心 5min,上清液弃掉,再向细胞沉淀中加入培养基 1mL,吹打混匀,将细胞悬液转移到培养瓶内,补足培养液,放在 37℃、5% CO_2 培养箱中培养。

(2)传代培养 当细胞生长到密度为 80%～90% 时就需要进行传代培养,以利于后续实验的顺利完成。实验前,在倒置显微镜下观察细胞状态是否良好,并将所要用到的含 10% 血清的 RPMI-1640 培养基、胰酶、PBS、双抗等试剂放入水浴锅中预温到 37℃。按上述方法准备好操作台和试剂,将细胞培养瓶用酒精擦拭过后拿进操作台中。打开瓶盖,烧口消毒,弃掉旧的培养基,加入预温的 PBS 冲洗细胞面;加入 0.8mL 0.25% 胰蛋白酶,以刚好盖住细胞培养瓶的底面为宜,置 37℃培养箱中约 50s,于倒置显微镜下观察至细胞之间不再连接成片,细胞回缩为圆形,表明此时消化适度。吸弃消化液,立即加入 2mL 含 10% 血清的培养基终止消化,吹打均匀后移入离心管中,1000r/min 离心 6min,弃掉上清液,再加入 2mL 的培养基,吹打均匀,分别移入两至多个细胞培养瓶中,补足 5mL 培养基,放入 37℃、5% CO_2 孵箱中培养。

(3)细胞冻存 选用对数生长期的细胞,细胞密度至培养瓶的 80%～90% 时,消化收集细胞,离心去掉上清液,用冻存液(70% 1640 培养基 +20% 胎牛血清 +10% DMSO)2mL 重新悬浮细胞,吹打均匀,移入做好标记的 2mL 冻存管中,封口后用脱脂棉包裹住冻存管(半径厚度最好超过 10cm),先放到 4℃冰箱中约 40min,然后转入 –20℃冰箱中约 60min,接着放在 –80℃超低温冰箱中过夜后取出细胞,去掉脱脂棉,迅速放入液氮罐中,用于长期保存,同时做好冻存记录。

11.2.2 细胞生长曲线绘制

观测细胞在一代生存期内的增生过程的重要指标是细胞生长曲线,通过绘制细胞生长曲线,可了解细胞生长周期,掌握培养规律。在培养板的 21 个孔中接种细胞密度为 1.5×10^4 个/mL 的相同数量的细胞进行培养,每隔 24h 计数三孔内的细胞密度,计算平均值,持续操作至第 7 天。以培养时间为横坐标,细胞密度为纵坐标,绘制生长曲线,并于倒置光学显微镜下拍照。

11.2.3 细胞形态学考察

采用 HE(苏木精-伊红)染色法考察细胞形态。分为空白对照组(只加 HepG2.2.15 细胞悬液),阳性对照组(加入含 5-FU 培养基,使其浓度为 340μg/mL),SYR/HT 组 190μg/mL,SH-NPs 组 333μg/mL。

取有培养细胞生长的玻片,用 37℃ PBS 漂洗培养液及杂质,4% 多聚甲醛固定，15min 取出，晾干，严格按 HE 染色试剂盒操作，于倒置光学显微镜观察细胞的大体形态。

11.2.4　MTT 法检测供试品对 HepG2.2.15 细胞毒性实验

取对数生长期的 HepG2.2.15 细胞，消化细胞后用 RPMI-1640 培养基制成单细胞悬液，计数，调整细胞浓度为 0.5×10^4 个/孔。每孔加 100μL 该细胞悬液于 96 孔细胞培养板内，置于 37℃、5%CO_2 细胞培养箱中培养，24h 后取出，弃掉培养液，分别加入含有不同药物浓度的 RPMI-1640 培养基，药物作用浓度分别为 0μg/mL（空白对照组）、7.8μg/mL、15.6μg/mL、31.2μg/mL、62.5μg/mL、125μg/mL、250μg/mL、500μg/mL、1000μg/mL、2000μg/mL 十组，每组设 6 个复孔。再将培养板置于 37℃、5% CO_2 细胞培养箱中培养，于 24h、48h、72h 取出 96 孔板，每孔加 5mg/mL MTT 20μL，继续孵育 4h，取出，去掉上清液，每孔加入 DMSO 150μL，转速为 60r/min 的摇床上摇动 10min，使紫色结晶物充分溶解。在酶标仪上用 490nm 的波长测其吸光度值 OD，并计算细胞抑制率。

$$细胞抑制率\% = [1-(加药细胞 OD/空白组 OD)] \times 100\%$$

通过抑制率等数据再计算 IC_{50}。IC_{50} 的计算方法：采用改良寇氏法计算，公式为 $IC_{50}=\lg{-i}[Xm-i(EP-0.5)]$。$Xm$ 为设计的最大浓度的对数值；i 为相邻浓度对数值之差或相邻两组高浓度对低浓度之比的对数值；EP 为各组生长抑制率之和；0.5 为经验常数。

11.2.5　流式细胞术检测对 HepG2.2.15 细胞周期的影响

将 HepG2.2.15 细胞接种于六孔板中，调整细胞浓度为 5×10^5 个/孔于 37℃、5% CO_2 培养箱中孵育 24h，每孔分别加入 2mL 药物质量浓度为 125μg/mL、250μg/mL、500μg/mL 的纳米粒，孵育 24h。胰酶消化细胞，收集细胞于 EP 管内，离心 5min（1000r/min），去除上清液，沉淀加入 PBS 清洗 2 次。吸除 PBS，加入 75% 乙醇 1mL，于 4℃下固定 12h，离心 5min（1000r/min），沉淀细胞，吸去上清液，加入 1mL PBS 重悬细胞，再次离心沉淀细胞，吸除上清液。每管样品中分别加入 0.5mL PBS、25μL 碘化吡啶（PI）染色液和 10μL 核糖核酸酶 A（RNase A），充分混合并重悬细胞沉淀，37℃室温避光孵育 30min，流式细胞仪检测。

11.3　数据统计

采用 SPSS 17.0 软件进行统计学处理，数据均以均数 ± 标准差（$\bar{x} \pm SD$）表示，进行单因素方差分析（ANOVA）检验。$P<0.05$ 及 $P<0.01$ 提示具有显著差异性。

11.4 实验结果

11.4.1 细胞生长曲线绘制

HepG2.2.15 细胞的对数生长期为 3～4 天，可确定以此时间间隔进行细胞的传代。

11.4.2 细胞形态学考察结果

采用 HE（苏木精-伊红）染色法考察细胞形态。空白对照组光学显微镜下堆积生长，细胞呈多角形，细胞核完整，经染色后呈蓝黑色，胞浆呈淡红色。阳性对照药组、SYR 组、HT 组、SH 组及 SH-NPs 组单个散在分布，细胞变圆、变小，核染色质致密浓缩，核碎裂，细胞膜皱褶，卷曲和出泡。

11.4.3 细胞毒性实验结果

11.4.3.1 对抑制率统计

各实验组作用于 HepG2.2.15 细胞的抑制率>0.3，药敏阳性，与空白对照组相比均有统计学意义（$P<0.01$）。各药物浓度的纳米粒对 HepG2.2.15 细胞增殖具有抑制作用，并随药物浓度的增加抑制率上升，比较有显著差异（$P<0.01$）；相同浓度各实验组药物作用 HepG2.2.15 细胞 48h、72h 后的抑制率与 24h 比较，抑制率升高，存在统计学差异（$P<0.05$）。空白纳米粒组对 HepG2.2.15 细胞无抑制作用，表明载体材料等对细胞无影响。因此可得到以下结论：游离药物组与纳米粒组对 HepG2.2.15 细胞增殖均具有抑制作用，并随药物浓度的增加抑制率增大；相同浓度时，各组药物作用于 HepG2.2.15 细胞的抑制率随时间延长而上升；游离药物组与其纳米粒组相比抑制率稍有下降，但对细胞仍有杀伤作用；24h 纳米粒组抑制率均较低，48h 以后抑制率逐渐升高达到游离药物的抑制水平，表明纳米粒组有明显的缓释效应。

11.4.3.2 IC_{50} 的统计

根据各给药组作用于 HepG2.2.15 细胞抑制率，计算出的 IC_{50} 如下：
SYR 组 72h 的 IC_{50} 为 241.5μg/mL；HT 组 48h、72h 的 IC_{50} 分别为 353.6μg/mL 和 205.9μg/mL；SH 组 24h、48h、72h 的 IC_{50} 分别为 897.8μg/mL、703.7μg/mL

和 191.4μg/mL；SH-NPs 组 48h、72h、96h 的 IC_{50} 分别为 352.2μg/mL、333.9μg/mL 和 148.9μg/mL。

SH-NPs 72h IC_{50} 高于其他实验组 72h IC_{50}，SH-NPs 96h 的 IC_{50} 与 SH 72h 的 IC_{50} 相近，提示 SH-NPs 对细胞的抑制作用与 SYR、HT 及 SH 相当，且具有一定的缓释作用。

11.4.4 细胞周期的影响结果

细胞周期分为间期和分裂期（M 期）两个阶段。间期又分为 3 个阶段，即 DNA 合成前期（G1 期）、DNA 合成期（S 期）、DNA 合成后期（G2 期）。有丝分裂期细胞各时期的 DNA 含量不同，正常细胞的 G0/G1 期具有 2 倍体细胞的 DNA 含量（$2N$），G2/M 期具有 4 倍体细胞的 DNA 含量（$4N$），而 S 期的 DNA 含量介于 2 倍体和 4 倍体之间。因此，用 DNA 染料处理细胞后，可将细胞周期区分为 G0/G1 期、S 期和 G2/M 期。S 期的细胞总数百分比随浓度的增加而明显增高，G0/G1 期比例降低，G2/M 期无明显变化。表明 SH-NPs 能阻滞细胞周期于 S 期，提示纳米粒可能通过诱导细胞周期阻滞途径发挥细胞增殖抑制作用。

11.5 讨论与小结

MTT 分析法是一种检测细胞存活和生长的方法，它以代谢还原噻唑蓝 3-（4,5-diniethylt］iiazol-2-yl）-2,5-diphenyl tetrazolium bromide，MTT）为基础，活细胞的线粒体中存在与 NADP 相关的脱氢酶，可将黄色的 MTT 还原为不溶性的蓝紫色的甲月赞（Formazan），死细胞此酶消失，MTT 不被还原。用二甲基亚砜溶解 Formazan 后，可用酶标仪在 490nm 的波长处检测光密度值（OD 值），以反映活细胞的数目。根据此原理，我们通过测定药物处理后的 HepG2.2.15 细胞 OD 值变化，从而算出抑制率，用于体外检测药物的细胞毒作用，从而检测 HepG2.2.15 对药物的敏感程度。

细胞周期活动与细胞凋亡是密切相关的，当细胞周期在转换过程中某一环节受阻时，机体通过细胞周期调控相关基因，从而诱导该细胞凋亡，清除该细胞，以维持机体正常生理功能。细胞周期是一个复杂有序并且受严格调控的过程。细胞通过 G1/S 期和 G2/M 期这两个限制点保证细胞的复制。

本实验确定以对数生长期为 3～4 天时间间隔进行细胞的传代；SH-NPs 对人肝癌细胞 HepG2.2.15 起生长抑制作用，随作用时间和药物浓度的增加而加强，具有缓释效果；SH 双载药纳米粒能阻滞细胞周期于 S 期。

第12章

SH双载药纳米粒细胞摄取的研究

12.1 材料与细胞

12.1.1 试剂与仪器

试剂：RPMI-1640液体培养基、10%优级胎牛血清、胰蛋白酶、PBS、双抗（青霉素/链霉素）、胰蛋白酶、PI（碘化丙啶）、SH-NPs冻干粉等。

仪器：超净工作台、空气浴振荡器、倒置显微镜、离心机、液氮罐、细胞培养板、细胞培养瓶、荧光显微镜、流式细胞仪等。

12.1.2 实验细胞

HepG2.2.15细胞株。

12.2 实验方法

12.2.1 FITC标记的SH-NPs的制备

精密称量10% mPEG-PLGA共聚物20mg分散于10mL丙酮中，超声使其溶解形成有机相。再将14.1mg药物和3mg异硫氰酸荧光素（FITC）荧光标记物分散于有机相中，超声溶解。配制浓度为0.1%的F68 21mL形成水相。在1000r/min的磁力搅拌条件下，将有机相滴加到水相中，滴毕细胞破碎仪超声60s，磁力搅拌（1000rpm）20min，旋转蒸发（40℃）除去有机溶剂，即得FITC-SH-NPs。

12.2.2 荧光显微镜检测细胞摄取实验

将密度为1×10^4个/mL的HepG2.2.15细胞接种在12孔细胞培养板中，

在二氧化碳培养箱中培养24h后，分别取药物浓度为500μg/mL、250μg/mL、125μg/mL的FITC-SH-NPs、FITC溶液和空白NPs，与细胞共孵育24h，用PBS冲洗细胞表面3次，在荧光显微镜下观察细胞对纳米粒的摄取情况。

12.2.3　流式细胞仪检测细胞摄取实验

将细胞密度为$1×10^4$个/mL HepG2.2.15细胞播撒在12孔细胞培养板上。分别取FITC标记的SH-NPs、FITC溶液和空白NPs与细胞共孵育24h。在孵育之后，用1mL PBS清洗3次，消化细胞，置于相应的Ep管中1000r/min离心5min，最后用1mL PBS重悬细胞。选用与FITC的激发波长相近的激发光通道，用流式细胞分析仪分析细胞的摄取情况。

12.2.3.1　药物剂量对细胞摄取的影响

细胞在12孔培养板中贴壁生长后，分别加入药物浓度为500μg/mL、250μg/mL、125μg/mL的FITC-NPs、空白NPs溶液和FITC溶液，于37℃孵育24h后，按2.3项下摄取实验方法处理并收集细胞，流式细胞仪测定。

12.2.3.2　温度对细胞摄取的影响

细胞在12孔培养板中贴壁生长后，加入药物浓度为500μg/mL的FITC-SH-NPs溶液，分别于4℃、37℃孵育24h，按12.2.3项下摄取实验方法处理并收集细胞，流式细胞仪测定，考察温度对细胞摄取的影响。

12.2.3.3　孵育时间对细胞摄取的影响

细胞在12孔培养板中贴壁生长后，分别加入药物浓度为500μg/mL的FITC-SH-NPs溶液，于37℃培养箱孵育0.5h、1h、2h、4h，按12.2.4项下摄取实验方法处理并收集细胞，流式细胞仪测定，考察孵育时间对细胞摄取的影响。

12.2.4　内吞抑制剂对细胞摄取抑制作用的考察

本实验选取秋水仙素和氯喹作为细胞内吞抑制剂，考察纳米粒被细胞摄取的抑制作用。

12.2.4.1　秋水仙素对细胞摄取抑制作用的考察

秋水仙素是一种微管形成抑制剂，能与微管蛋白结合，使微管解聚。微管不仅能维持细胞的形态，更多的是负责细胞器从细胞内的一个地方移到另一个地方，例如将内吞形成的小泡从细胞膜移开，为形成更多的内吞小泡腾出空间。一旦微管解聚，内吞形成的小泡从细胞膜转运到核内体受到抑制，内吞受阻。

（1）时间对细胞摄取抑制作用的影响　细胞在24孔培养板中的贴壁生长后，提前3h在抑制组的细胞培养液中加入秋水仙素（浓度为360μg/mL），阳性对照组的细胞培养液中不加任何抑制剂，分别加入500μg/mL的FITC-SH-NPs溶液，于37℃孵育0.5h、1h、2h、4h、24h后，用PBS冲洗细胞3次，胰蛋白酶消化细胞，流式细胞仪检测，考察时间对细胞摄取抑制作用的影响。

（2）浓度对细胞摄取抑制作用的影响　细胞在24孔培养板中的贴壁生长后，提前3h在秋水仙素抑制组的细胞培养液中加入秋水仙素（浓度为360μg/mL），阳性对照组的细胞培养液中不加任何抑制剂，分别加入125μg/mL、250μg/mL、500μg/mL的FITC-SH-NPs溶液共孵育2h，操作方法同上，流式细胞仪测定，考察FITC-SH-NPs浓度对细胞摄取抑制作用的影响。

12.2.4.2　氯喹对细胞摄取抑制作用的考察

氯喹是一种趋溶酶体试剂，本身带弱碱性，能抑制核内体的成熟，阻断内吞进入细胞的粒子从早期核内体转运到晚期核内体以及从晚期核内体转运到溶酶体，同时升高细胞内酸性细胞器（溶酶体、核内体）的pH。

（1）时间对细胞摄取抑制作用的影响　24孔培养板中的细胞贴壁生长后，提前1h在氯喹抑制组的细胞培养液中加入氯喹（浓度516μg/mL），按12.2.4.1项下实验方法考察时间对抑制作用的影响。

（2）浓度对细胞摄取抑制作用的影响　24孔培养板中的细胞贴壁生长后，提前1h在氯喹抑制组的细胞培养液中加入氯喹（浓度516μg/mL），按12.2.4.1项下实验方法考察FITC-NPs浓度对抑制作用的影响。

12.3　实验结果

12.3.1　荧光显微镜检测细胞摄取实验结果

荧光显微镜定性分析细胞摄取。FITC标记的SH-NPs与细胞作用后可以观察到荧光，且各浓度的照片上均显示细胞轮廓，高浓度的SH-NPs与细胞共同孵育，细胞轮廓清晰，荧光强度最强，亮点密度和强度随着NPs浓度的降低而逐渐降低。没有FITC标记的空白NPs和FITC溶液共孵育的细胞没有荧光出现，说明载体本身不能发光且FITC溶液不能进入细胞内部，排除了载体和游离FITC

的干扰。

12.3.2 流式细胞仪检测细胞摄取实验结果

流式细胞仪检测细胞摄取的定量分析。空白纳米粒和 FITC 溶液与 HepG2.2.15 细胞作用后阳性细胞百分数很低分别为 1.6% 和 3.9%，细胞内几乎没有荧光，表明空白纳米粒本身无荧光，且 FITC 分子在本实验的孵育时间内不能进入细胞，排除了空白 NPs 和 FITC 分子对实验结果的影响。

12.3.2.1 药物浓度对细胞摄取的影响

随着药物浓度的增大，阳性细胞百分数分别为 50.3%、56.9% 和 69%，呈逐渐升高的趋势。提示细胞摄取量与药物浓度成正相关性。

12.3.2.2 温度对细胞摄取的影响

细胞内的大部分转运蛋白在 37℃ 时活性最高，而随着温度的降低，蛋白活性也随之降低，在 4℃ 时，转运蛋白活性基本消失，为考察 HepG2.2.15 细胞对 SH-NPs 的摄取是否存在主动转运的过程，特考察 4℃ 和 37℃ 下温度对细胞摄取情况的影响。37℃ 时细胞对 SH-NPs 的摄取量为 68.6%，4℃ 时细胞对 SH-NPs 的摄取量为 51.4%。37℃ 时明显高于 4℃ 时，提示 HepG2.2.15 细胞对 FITC-SH-NPs 的摄取存在主动转运的过程。

12.3.2.3 孵育时间对细胞摄取的影响

FITC-SH-NPs 与细胞作用时，随着孵育时间的延长（0.5～4h）荧光强度增加较为明显，细胞摄取的阳性细胞百分数由 11.5% 增加至 55.4%，表明 HepG2.2.15 细胞对 FITC-SH-NPs 对摄取量与孵育时间在一定范围内正相关。

12.3.3 内吞抑制剂对细胞摄取的抑制作用考察结果

12.3.3.1 秋水仙素对细胞摄取的抑制作用

抑制剂组与对照组比较，在同一浓度、同一时间内秋水仙素抑制剂组对细胞摄取的阳性百分率为 5.4%，而不加秋水仙素的对照组对细胞摄取的阳性百分率为 48.5%，说明秋水仙素抑制剂组对细胞摄取有较强抑制作用。

（1）时间对细胞摄取抑制作用的影响 抑制组与对照组相比阳性细胞百分数显著降低，细胞作用 0.5h、1h、2h 时的阳性细胞百分数相似，分别为 2%、

3%、4.2%，抑制作用很强；随着 FITC-SH-NPs 与细胞孵育时间的继续延长（4h、24h），阳性细胞百分数增加至 41.6% 和 56%，表明秋水仙素对细胞摄取的抑制作用减弱。

（2）浓度对细胞摄取抑制作用的影响　抑制组与对照组相比，阳性细胞百分率明显降低，说明秋水仙素对细胞摄取有抑制作用。不同浓度的 FITC-SH-NPs，在秋水仙素抑制后孵育相同的时间，阳性细胞百分率分别为 5.1%、4.2%、4.8%，说明秋水仙素对不同浓度的 FITC-SH-NPs 抑制作用没有显著差异。

12.3.3.2　氯喹对细胞摄取抑制作用的影响

与对照组比较，氯喹抑制剂组对细胞摄取有较强抑制作用。

（1）时间对细胞摄取抑制作用的影响　抑制组与对照组相比阳性细胞百分数显著降低，当细胞与 FITC-SH-NPs 孵育时间少于 1h 时，阳性细胞数比对照组低分别为 6.1% 和 8.8%，随孵育时间的延长（2h、24h），阳性细胞百分数增加至 17.5%、35.4%、54.4%，抑制作用已开始减弱，因此表明，氯喹对 FITC-SH-NPs 的细胞摄取有抑制作用，与孵育时间有关。

（2）浓度对抑制作用的影响　三种浓度的 FITC-SH-NPs 与 HepG2.2.15 细胞共孵育，阳性细胞数分别为 11.3%、23% 和 23.1%，无明显差别，说明 FITC-SH-NPs 浓度与氯喹的抑制作用影响较小。

12.4　讨论与小结

药物是否靶向于细胞内，常用的方法是体外细胞摄取实验，检测仪器有荧光显微镜、流式细胞仪等。纳米粒的细胞摄取过程一般为内吞，吸附性内吞起始于细胞外粒子与细胞表面的静电力、氢键等非特异性物理吸附，细胞膜凹陷包裹吸附的粒子形成内吞小泡，小泡转运至早期核内体，再经晚期核内体转运到达溶酶体。本研究以 HepG2.2.15 细胞株为细胞模型，研究 SH 双载药纳米粒能否被 HepG2.2.15 细胞摄取，并选择秋水仙素和氯喹作为摄取抑制剂对摄取机制初步探索。

荧光显微镜定性分析表明 SH-NPs 能被 HepG2.2.15 细胞摄取，且随浓度的增加细胞摄取增高。流式细胞仪定量分析表明 HepG2.2.15 细胞对 SH-NPs 的摄取与药物浓度、孵育时间及孵育温度正相关，细胞摄取存在主动转运的过程。秋水仙素与氯喹对 HepG2.2.15 细胞摄取有抑制作用，随时间延长抑制作用减弱，浓度影响较小。

第13章

SH双载药纳米粒抗乙型肝炎药效学实验研究

13.1 D-GalN 急性肝损伤保护作用研究

13.1.1 材料与动物

13.1.1.1 试剂与仪器

试剂：甘利欣注射液、N-乙酰半胱氨酸（NAC）对D-氨基半乳糖（D-GalN）、ALT试剂盒、AST试剂盒、MDA试剂盒、SOD试剂盒等。

仪器：FA2004分析电子天平、TGL-16C型离心机、半自动生化分析仪、紫外可见分光光度计等。

13.1.1.2 实验动物

健康的SD大鼠（220g±25g，十周），根据现有的国际动物实验操作，所有动物由黑龙江中医药大学GLP实验中心提供。

13.1.2 实验方法

13.1.2.1 动物分组与给药

动物分组：将健康的SD大鼠30只，雌雄各半，随机分为5组，正常对照组、D-GalN损伤模型组、甘利欣阳性对照组、SH-NPs组、SH组。

给药：正常对照组及D-GalN损伤模型组均以10mg/kg生理盐水给药，甘利欣阳性对照组以3mL/kg甘利欣注射液给药，SH-NPs组以10mg/kg纳米混悬液给药，SH组以10mg/kg给药。每日腹腔注射给药，连续7天。

13.1.2.2 急性肝损伤模型的制备

于第 6 天给药后,禁食 1h,除正常对照组仍给生理盐水外,其余各组均腹腔注射 D-GalN 450mg/kg,之后禁食 24h,第 7 天给药后 1h,称量体重、眼眶取血、取肝脏。

13.1.2.3 血清中 ALT 与 AST 的检测

速率法检测血清中 ALT 与 AST,眼眶取血,放置 20~30min 待血凝后,以 3000r/min 离心 10min,制备血清,取上清液按 ALT、AST 试剂盒测量,检测采用半自动生化分析仪。

13.1.2.4 肝组织匀浆液中 MDA 与 SOD 的检测

(1)肝系数测定 将大鼠的整个肝脏小心的分离出来,称重,计算各实验组的肝系数,即肝重(g)占体重(g)的百分比。

(2)肝组织匀浆液中 MDA 与 SOD 的检测

① 羟胺法测定 SOD 原理:黄嘌呤及黄嘌呤氧化酶反应产生超氧阴离子自由基,进而氧化羟胺形成亚硝酸盐,在显色剂作用下形成紫色,于 550nm 波长下测定吸光度,并计算 SOD 活力。

SOD 活力 =(对照 OD 值 – 测定 OD 值)/ 对照 OD 值 /50%*(反应液总体积 / 取样量)/ 待测样本蛋白浓度

② TBA 法检测肝组织匀浆中 MDA 原理:丙二醛(MDA)与硫代巴比妥酸(TBA)缩合,形成红色产物,于 532nm 波长下,测定吸光度值,并计算 MDA 含量。

MDA 含量 =(测定 OD 值 – 对照 OD 值)/(标准 OD 值 – 空白 OD 值)* 标准品浓度 / 待测样本蛋白浓度

③ 操作过程:剪取 1 块肝组织置于冰生理氯化钠溶液中,漂洗,将血液除去,用滤纸吸干,分别称取 0.2g,放入玻璃匀浆管中,加入冰生理氯化钠溶液 2mL,研磨,得到肝组织匀浆,按 MDA、SOD 试剂盒测定肝匀浆中 MDA 含量和 SOD 活力。采用紫外可见分光光度法测定。

13.1.2.5 HE 染色病理切片观察

于取血后处死各组大鼠,取约 3mm×4mm×5mm 大小相同部位的肝右叶,经 10% 福尔马林固定、取材、脱水、浸蜡、包埋、切片、HE 染色后,在光学显微镜下观察并拍照。

13.1.2.6 统计学分析

采用 SPSS 17.0 软件进行统计学处理,进行单因素方差分析(ANOVA)检验。$P<0.05$ 为差异有显著性。数据均以均数 ± 标准差($\bar{x} \pm SD$)表示,

13.1.3 实验结果

13.1.3.1 血清中 AST 与 ALT 的检测

大鼠血清中 AST 与 ALT 含量检测结果显示,模型组与正常对照组比较,ALT、AST 显著升高($P<0.01$),提示该急性肝损伤模型可靠。SH-NPs 与模型组比较,ALT、AST 显著降低($P<0.01$);SH-NPs 与 SH 比较,ALT、AST 有显著性差异($P<0.01$);结果表明,SH-NPs 能显著对抗 D-半乳糖胺诱导的肝损伤大鼠血清中 ALT、AST 的活性升高。

13.1.3.2 肝系数

与正常对照组比较,D-GalN 诱导的急性肝损伤小鼠的肝系数明显升高($P<0.01$),给予各组药物后,均能显著降低升高的肝系数($P<0.01$)。

13.1.3.3 肝组织匀浆液中 MDA 与 SOD 的检测

模型组与正常对照组比较,模型组大鼠肝组织中 SOD 活性显著降低($P<0.01$),MDA 水平显著升高($P<0.01$),提示造模成功。SH-NPs 组与模型组比较,SOD 活性显著升高($P<0.01$),MDA 水平明显降低($P<0.01$)。SH-NPs 与 SH 比较,SOD、MDA 有显著性差异($P<0.01$);SH-NPs 与阳性对照相当($P>0.05$)。结果表明,SH-NPs 能显著降低 D-半乳糖胺诱导的肝损伤大鼠肝组织中 MDA 的水平,同时能显著升高肝组织中 SOD 的活力水平。

13.1.3.4 病理切片的观察

病理切片的观察,正常对照组肝脏小叶结构清晰可辨,可见小叶中央静脉、小叶间静脉、小叶间动脉及小叶间胆管,肝细胞胞浆红染,嗜酸性,细胞核圆形,核内可见一个到数个核仁,核染色质丰富。模型组肝脏细胞发生水样变性且病变弥漫,小叶结构欠清晰,小叶中央静脉及小叶间静脉轻度淤血,肝细胞水肿,胞浆空亮淡染,细胞核居于细胞中央,部分细胞发生核固缩→核碎裂→核溶

解,形成气球样细胞(凋亡细胞)。阳性对照组肝脏未见弥漫性水肿病变,局部见轻度水肿,肝小叶及各级结构尚可辨认,肝细胞轻度水肿,周围可见少许新生肝细胞。SH 组肝脏未见弥漫性水肿病变,仅局部见轻度水肿,肝小叶及各级结构尚可辨认,肝细胞轻度水肿,局部可见继发性小灶状坏死,周围可见少许新生肝细胞。SH-NPs 组肝脏未见明显水肿,局部亦未见水肿出现,肝小叶等各级结构清晰可辨,肝细胞再生较活跃。因此,阳性对照药、SH 及 SH-NPs 均有不同程度的治疗作用,SH-NPs 较阳性对照药和 SH 的治疗效果更好。

13.1.4 讨论与小结

急性肝损伤的主要动物模型有对乙酰氨基酚肝损伤、异烟肼性肝损伤、硫代乙酰胺性、氨基半乳糖性肝损伤、四氯化碳性肝损伤、卡介苗和脂多糖诱导的肝损伤、刀豆蛋白 A 诱导的肝损伤等。D-半乳糖胺(D-galactosamine)本身无毒性,是肝细胞磷酸尿嘧啶核苷的干扰剂,进入体内后与磷酸尿苷结合而形成磷酸尿苷半乳糖胺复合物,致使磷酸尿苷耗竭。使依靠其生物合成的核酸、糖蛋白、脂糖等物质的合成受到抑制,限制了细胞器及酶的生成和补充细胞器、生物膜受损、钙离子内流,从而造成肝细胞损伤。D-GalN 肝损伤模型的形态学表现为弥漫性的多发性片状坏死,细胞内呈现大量的 PAS 染色阳性的毒性颗粒,嗜酸性小体较多见,与病毒性肝炎造成的肝损伤类似,因此 D-GalN 肝损伤模型是目前公认的、比较好的研究病毒性肝炎的发病机制和有效治疗药物的实验动物模型。其病变仅限于肝脏,在引起肝坏死的剂量下不引起其他脏器病变,对实验人员安全。肝细胞损伤时,其胞质液成分 AST、ALT、ALP 释放,血清中 ALT、AST、ALP 活性增高,且其活性的高低在一定范围内可反映肝细胞损伤程度的强弱。MDA 为脂质过氧化的终产物,组织中 MDA 含量的多少可衡量该组织过氧化损伤的程度。D-GalN 进入体内还可产生自由基,导致膜结构破坏,引起细胞内钙离子增加,抑制线粒体呼吸功能,产生氧自由基,过多的氧自由基一方面导致肝细胞内 SOD 过度消耗致使 SOD 活性下降,引起脂质过氧化,造成肝细胞的损伤。

本实验结果表明,SH-NPs 能显著降低 D-GalN 肝损伤模型中 AST、ALT 及 MDA 的含量,明显提升肝组织中 SOD 活力,SH-NPs 对肝损伤治疗效果较显著,各项指标均优于 SH 组,可能的原因是使用了 mPEG-PLGA 载体,制得的纳米粒粒径小,体系对于肝脏的靶向性增强,并有一定的缓释作用所致。

13.2 对 HepG2.2.15 细胞中 HBsAg、HBeAg 的抑制作用研究

13.2.1 材料与细胞

13.2.1.1 试剂仪器

试剂：RPMI-1640 液体培养基、10% 优级胎牛血清、胰蛋白酶、PBS、双抗（青霉素/链霉素）、MTT 溶液、二甲基亚砜（DMSO）、PI（碘化丙啶）、HE 染色试剂盒等。

仪器：超净工作台、倒置显微镜、离心机、液氮罐、细胞培养板、细胞培养瓶、高压灭菌锅、多功能酶标仪等。

13.2.1.2 实验细胞

HepG2.2.15 细胞株（上海博谷公司）。

13.2.2 实验方法

13.2.2.1 分组及给药浓度

分为空白对照组（只加 HepG2.2.15 细胞悬液）、阳性对照组（加入含甘利欣培养基，使其浓度为 100μg/mL）、SH-NPs 组（药物浓度分别为 31.2μg/mL、15.6μg/mL、7.8μg/mL、3.9μg/mL、1.95μg/mL）。

13.2.2.2 ELISA 法检测 HepG2.2.15 细胞 HBsAg 及 HBeAg

将 5×10^4 个/mL 的细胞悬液加入 24 孔的细胞培养板，每孔加入 1mL，于孵箱（37℃，5% CO_2）中培养 24h，待细胞贴壁且生长良好，吸除全部培养液，根据细胞毒性试验结果，分别加入最大无毒浓度以下的 31.2μg/mL、15.6μg/mL、7.8μg/mL、3.9μg/mL、1.95μg/mL 5 个质量浓度，每个质量浓度设 3 个复孔。以等量的完全培养液为空白对照，以甘利欣为阳性对照药。连续培养 72h，分别吸出 1.5mL 上清液，置于灭菌 Eppendorf 管中，−20℃保存，待检。再次加入上述含不同浓度药物的培养液，继续培养 72h 后，分别吸出 1.5mL 上清液于灭菌 Eppendorf 管中，−20℃保存，待检。ELISA 操作严格按照试剂盒说明书进行，用酶标仪检测 450nm 下的吸光度（A），以波长 630nm 为参照，并计算药物对抗原的抑制率。

$$抗原抑制率=[1-A实验孔抗原/A对照孔抗原]\times100\%$$

13.2.3 数据统计

采用 SPSS 17.0 软件进行统计学处理，数据均以均数 ± 标准差（$\bar{x} \pm \text{SD}$）表示，进行单因素方差分析检验。$P<0.05$、$P<0.01$ 为差异有显著性。

13.2.4 实验结果

13.2.4.1 对 HepG2.2.15 细胞分泌的 HBsAg 抑制作用

阳性对照药甘利欣和 SH-NPs 作用 72h、144h 后，均可抑制 HepG2.2.15 细胞上清液中 HBsAg 的分泌，与空白对照组比较有显著差异（$P<0.05$，$P<0.01$）。SH-NPs 在作用 144h 后质量浓度为 31.2μg/mL 时抑制率最高，达 44.6%，抑制作用强于阳性对照药甘利欣。SH-NPs 对 HBsAg 的分泌抑制呈现一个明显的量效关系和时效关系。

13.2.4.2 对 HepG2.2.15 细胞分泌的 HBeAg 抑制作用

阳性组甘利欣组和 SH-NPs 组在作用 72h、144h 后，对 HepG2.2.15 细胞分泌 HBeAg 具有一定的抑制作用，抑制作用强于阳性对照药，且与空白对照组比较有显著差异（$P<0.05$，$P<0.01$）。结果表现出，随着药物浓度和孵育时间的增加，其抑制作用逐渐增强，显现较明显的量效和时效关系。

13.2.5 讨论与小结

Sells 等人采用共染的方法将 HBV 全基因和抗 G418 质粒直接导入 HepG2 受体细胞构建成 HepG2.2.15 细胞模型。HepG2.2.15 细胞能长期的、稳定的分泌 HBsAg、HBeAg 和 HBV 颗粒及对人有感染性，可表达乙肝病毒的全部标志。HBsAg、HBeAg 表达水平可间接反映乙肝病毒的复制情况，是抗 HBV 药物研究的重要监测指标。当前，检测 HepG2.2.15 细胞中 HBsAg、HBeAg 表达水平的方法很多，主要有 ELISA 法、胶体金法、化学发光法以及放射免疫法等。其中，ELISA 法敏感性高，特异性好，且操作简捷，成本较低。因此，本实验以 HepG2.2.15 为乙型肝炎的细胞模型，采用 ELISA 法检测 SYR/HT 双载药纳米粒对 HepG2.2.15 细胞上清液中 HBsAg，HBeAg 的抑制作用。

各药物组在作用 72h、144h 后，对 HepG2.2.15 细胞上清液中 HBsAg、HBeAg 都有不同程度的抑制作用，并呈现一个明显的量效关系和时效关系，在作用 72h 对 HBsAg、HBeAg 抑制率最高分别为 35.0%、38.4%，作用 144h 对 HBsAg、HBeAg 抑制率最高分别为 44.6%、39.0%，本实验在一定程度上可以说明，SH 双载药纳米粒对乙型肝炎病毒有直接的抑制作用。

第3篇

马钱子碱的研究与应用

第14章
马钱子碱的性质及作用

14.1 马钱子碱的来源及性状

中药马钱子为马钱科植物马钱（*Strychnosnuxvomica* L.）的干燥成熟种子，味苦性温，有大毒，归肝、脾经，可通络止痛，散结消肿。以往研究，马钱子首要用于通络止痛。而随着药理研究的持续深入，马钱子内部含有的士的宁、马钱子碱等，能够在药物载体研究方面有所应用。在马钱子中，含有微量的生物碱类化合物，含量在1%～5%。马钱子碱为中药马钱子的有效化学物质，同时其具有一定毒性，外观呈白色水晶状，固体粉末，微溶于水，有刺鼻气味，溶于甲醇、氯仿等，体现出可燃性这一特征，对眼睛、皮肤组织有刺激性，误食或经皮渗入后可导致中毒甚至死亡。马钱子碱是一种弱碱性吲哚类生物碱。

14.2 马钱子碱的化学结构和理化性质

马钱子碱（brucine，B）是一种杂环芳香族化合物，白色结晶粉末，化学式为$C_{23}H_{26}N_2O_4$，熔点为178℃，分子量为393.45，味极苦，微溶解于热水，可溶于氯仿、乙醚等有机溶剂，易溶于乙醇，极易溶解于甲醇中，对人体有刺激作用，摄入或吸入后可能致其死亡。

14.3 药理作用

（1）镇痛　其机制主要有两个渠道，一方面是对中枢系统加以控制和调解，另一方面则是影响外周实现镇痛。综合这两个途径可以发现，其镇痛功能的发挥本质上就是对神经末梢加以麻痹，可使吗啡镇痛效果得以加强，镇痛时间跨度变大，其镇痛功效伴随着药物剂量的增加而增强。马钱子碱除了具有镇痛功能之外，还能够强化免疫，因此在风湿性关节炎等免疫性疾病的治疗中也有所体现。

（2）抗癌　邓旭坤等通过体内外实验得出，马钱子碱可以小鼠体内肝癌细胞的繁殖产生显著的抑制作用，同时提高机体免疫力的结论。这提示马钱子碱不仅可以有效地抑制肝癌细胞的增殖，同时其具有多样化的作用靶点和作用方式。放眼国际研究，科研人员针对马钱子碱所展开的抗肝癌研究越来越广泛，研究者通过整体动物实验、细胞生物学研究、药效学研究等更加深入地探讨了马钱子碱在机体中发挥的疗效以及对肝癌细胞带来的负面影响。

马钱子碱的药理作用还需要持续深入的实验研究，后续可以结合药物的给药途径以及新型高分子纳米载体材料来给出新的治疗手段，为肝癌患者减轻痛苦，带来新的希望。

14.4　马钱子碱的药动学研究

李晓天等人在实验小鼠中对马钱子碱进行了研究，结果发现，通过静脉注射的方式向小鼠体内分别注射 5mg、7.5mg、10mg 的药物之后，小鼠体内的药物符合二室开放模型，若通过口服药物的方式向小鼠胃部分别灌注 40mg/kg、60mg/kg 的药物，此时小鼠体内的药物符合一室开放模型。徐晓月等用反向高效液相色谱法研究马钱子经过砂烫炮制后生物碱在大鼠体内的药代动力学，实验得出了主要动力学参数，其中士的宁、马钱子碱和马钱子碱氮氧化物代谢均符合二室开放模型。

本研究的意义在于通过 GA 介导的马钱子碱还原敏感型纳米胶束的制备与肝靶向评价，体现中药现代化应用于临床的研究特色，促进中医药理论发扬光大，为中医药的传承提供参考，为其他中药成分新型递药系统的开发应用提供实践经验。该研究具有巨大的应用前景和潜力，可为癌症患者提高生命质量带来新的希望。

第15章

B-GPSG纳米胶束的制备工艺与处方优化

15.1 试剂与仪器

试剂：马钱子碱对照品、葡聚糖凝胶 Sephadex G-50（分离范围 1000～3000）、甲醇、葡萄糖、乳糖等。

仪器：Waters e2695 高效液相色谱仪系统、C18 色谱柱（250mm×4.6mm, 5μm）、H2050R 台式高速冷冻离心机、超滤离心管、Zetasizer Nano-ZS90 激光粒度分析仪、SB-5200D 超声波清洗机、真空冷冻干燥机等。

15.2 B-GPSG 纳米胶束 HPLC 分析方法的建立

15.2.1 检测波长的确定

精密称取马钱子碱对照品适量，用色谱甲醇溶解至适当浓度，在二极管阵列检测器上设置波长在 190～400nm 进行分析检测，并绘制曲线确定其最大吸收波长。紫外吸收图谱见图 15-1。

根据图 15-1 可知，马钱子碱在 223.3nm、265.7nm、301.2nm 处有最大的紫外吸收峰，结合专属性考察，最终选择 265nm 为马钱子碱的检测波长。

15.2.2 色谱条件

流动相，甲醇 - 水 - 乙酸 - 三乙胺（230∶2.4∶0.3）=30∶70；色谱柱，Dikma C18（250mm×4.6mm, 5μm）；检测波长，265nm；流速，1mL/min；进样量，10μL；柱温，30℃。

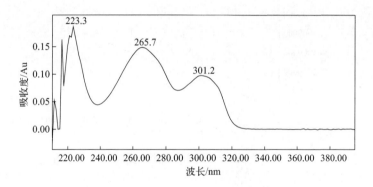

图15-1　马钱子碱紫外吸收图谱

15.2.3　专属性考察

马钱子碱对照品溶液的制备：精密称取马钱子碱对照品6.39mg，加入甲醇定容至25mL棕色容量瓶中，得质量浓度为255.60μg/mL的马钱子碱对照品储备液，备用。

B-GPSG纳米胶束供试品溶液和GPSG空白纳米胶束溶液的制备：精密量取适量B-GPSG纳米胶束溶液，加适量甲醇超声30min（频率：40kHz，功率：200W），破坏胶束的结构使包载其中的药物充分释放出来，经0.22μm微孔滤膜滤过，即得B-GPSG纳米胶束供试品溶液。同法制得GPSG空白纳米胶束溶液。

取马钱子碱对照品溶液、GPSG纳米胶束溶液、B-GPSG纳米胶束供试品溶液，按15.2.2项下色谱条件进样，记载色谱峰面积，对该试验方法的专属性进行考察。考察结果表明：在该检测条件下辅料对主药的含量测定无影响，方法的专属性较好。

15.2.4　线性关系考察

将15.2.3项下马钱子碱对照品储备液逐级稀释，配制成浓度分别为255.60μg/mL、127.80μg/mL、63.90μg/mL、31.95μg/mL、15.98μg/mL、7.99μg/mL、4.00μg/mL的系列对照品溶液，按15.2.2项下色谱条件测定，记录色谱峰面积，以马钱子碱的质量浓度（X，μg·mL^{-1}）为横坐标，峰面积（Y）为纵坐标进行线性回归，得回归方程$Y=15357X+30117$（$R^2=0.9998$，$n=6$）。马钱子碱标准曲线见图15-2。结果表明，马钱子碱质量浓度在4.00～255.60μg/mL范围内与峰面积呈良好的线性关系。

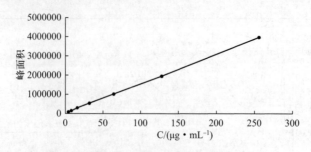

图15-2 马钱子碱标准曲线

15.2.5 方法学考察

（1）精密度试验 取15.2.3项下供试品溶液适量，配制成高、中、低三个浓度的溶液各6份，按15.2.2项下色谱条件测定，1天内每份进样一次，每个浓度连续进样6次，记录峰面积，计算RSD，结果见表15-1。可知日内精密度和日间精密度的相对标准偏差RSD结果均小于2%，精密度良好。

表15-1 精密度实验结果（$n=6$）

样品	浓度/（μg/mL）	RSD/%	
		日内	日间
马钱子碱	127.80	0.49	1.29
	31.95	0.28	1.07
	7.99	0.72	1.36

（2）稳定性试验 精密吸取同一批供试品溶液，分别于0h、2h、4h、8h、10h、12h、24h进样，记录峰面积，考察样品稳定性，结果RSD=0.60%，表明样品溶液在24h内稳定。符合测定要求。

（3）重复性试验 精密吸取同一批供试品溶液6份，进样，记录峰面积，考察重复性。结果RSD=0.74%，表明本方法重复性良好，符合要求。

（4）回收率试验 精密吸取B-GPSG纳米胶束溶液9份，分别取对照品溶液适量加入其中，制备成高、中、低3个浓度的供试品溶液，进样测定，记录峰面积，根据标准曲线方程计算其含量及加样回收率。高、中、低三个浓度的回收率均在98%～101%之间，RSD值小于2%，准确度良好，表明该方法回收率符合B-GPSG纳米胶束的含量测定要求。

15.3 包封率测定方法的建立

包封率是纳米胶束质量控制的重要指标，目前较成熟的测定方式是将载药纳米胶束与游离药物分离，进而进行测定。经典的方法有低温超速离心法、葡聚糖凝胶柱过滤法、透析法、超滤离心法。葡聚糖凝胶柱过滤法是利用分子筛原理将分子量不同的纳米胶束与游离药物先后洗脱流出；透析法是根据纳米胶束与游离药物粒径大小不同，使得纳米胶束被截留，而游离药物可通过的特点，达到分离的目的；低温超速离心法是根据纳米胶束与其分散介质密度的不同，离心力不同而达到分离目的；超滤离心法是使溶液中的大小分子通过离心力而分离，小分子可以通过、大分子被截留其中，从而完成分离。

15.3.1　测定方法的选择

（1）葡聚糖凝胶柱过滤法　精密称取 5.00g SephadexG-50 于烧杯中，蒸馏水浸泡 24h 使其溶胀。超声脱气，装入葡聚糖凝胶柱中，柱体积 3 倍量的蒸馏水平衡凝胶柱，取 B-GPSG 纳米胶束 2mL，加入到处理好的 Sephadex G-50 凝胶柱顶部，用蒸馏水以 1mL/min 流速洗脱，2mL 一瓶，接 50 瓶，收集纳米胶束按 15.2.3 项下方法处理，0.22μm 微孔滤膜滤过，进样测定，计算 EE 与 DL。

（2）低温超速离心法　取 B-GPSG 纳米胶束溶液置于离心管中，超速离心（10000r/min，30min），收集沉淀的纳米胶束，用蒸馏水分散，继续离心，重复 3 次，取最后沉淀部分按 15.2.3 项下方法处理，0.22μm 微孔滤膜滤过，进样测定，计算 EE 与 DL。

（3）透析法　将装有 1mL B-GPSG 纳米胶束溶液的透析袋置于透析外液为 pH 7.4 的 PBS 溶液中，磁力搅拌 4h，取透析内液，0.22μm 微孔滤膜滤过，进样测定，计算 EE 与 DL。

（4）超滤离心法　精密量取 0.5mL B-GPSG 纳米胶束溶液置于超滤离心管内，10000r/min 离心 10min，收集下层溶液，0.22μm 微孔滤膜滤过，进样测定，计算 EE 与 DL。

包封率以及载药量计算公式为：

包封率（%）（Entrapment efficiency，EE）=$(W_Q-W_L)/W_Q \times 100\%$

载药量（%）（Durg loading，DL）=$(W_Q-W_L)/(W_P+W_Q-W_L) \times 100\%$

其中，W_P 为载体用量，W_Q 为药物的投入量，W_L 为测得的游离药物量。

包封率由大到小的顺序为：超滤离心法、葡聚糖凝胶柱过滤法、低温超速离心法、透析法。葡聚糖凝胶柱过滤法费时费力，且不适于脂溶性药物的分离；透析法的透析时间过长，纳米胶束在透析过程中药物可能会释放；低温超速离心法容易造成纳米胶束破碎，使其没有办法完全沉降。综上本课题选择超滤离心法来分离游离药物和纳米胶束。

15.3.2 超滤离心法

精密量取 50μg/mL 的马钱子碱溶液 0.5mL 至于超滤离心管中，分别利用不同截留相对分子量的超滤管进行超滤，10000r/min 离心 10min，滤液经 0.22μm 滤膜过滤后进 HPLC 测定含量。

结果表明，不同截留分子量对马钱子碱的透过率影响差异较小，但为了使纳米胶束与游离药物更好的分离，选择相对分子量为 10000 的超滤管进行马钱子碱包封率的考察。

（1）马钱子碱透膜率实验　精密配制 25μg/mL、50μg/mL、100μg/mL 的低、中、高 3 种浓度的马钱子碱对照品溶液 5 份，量取各溶液 0.5mL 分别置于超滤离心管中（截留相对分子量 10000），10000r/min 离心 10min，滤液经 0.22μm 滤膜过滤后进 HPLC 检测含量。

结果表明，马钱子碱浓度对透膜率没有影响。

（2）超滤回收实验　精密称取马钱子碱对照品适量置于 2mL 容量瓶中，加入空白载体 GPSG 适量配成浓度为 25μg/mL、50μg/mL、100μg/mL 的溶液，各五份。按上述方法量取 0.5mL 分别置于超滤离心管内管中，并进行 HPLC 含量测定，计算马钱子碱的方法回收率。

回收率试验中马钱子碱与空白载体彼此之间不发生吸附作用，说明其对包封率测定基本没影响，符合测定要求。

15.3.3 包封率的测定

取三批 B-GPSG 纳米胶束，分别精密量取 0.5mL，放入截留分子量 10000 的超滤管内管中，10000r/min 离心 10min，HPLC 测定超滤液中游离药物的含量；另分别精密量取 0.5mL B-GPSG 纳米胶束溶液，加适量甲醇超声破乳，并用甲醇定容至 5mL 容量瓶中，混匀取适量分散液，离心，0.22μm 滤膜过滤后，HPLC 检测上清液中药物含量，根据公式计算包封率以及载药量。测得的包封率高且偏差值较小，说明该方法可靠。

15.4　讨论

（1）评价纳米胶束质量的指标有很多，其中 EE 和 DL 是十分重要的评价项目，分为直接测定法和间接测定法，而目前较多采用间接测定法，即将纳米载体与游离药物分离，较为常用的方法有超滤离心法、低温超速离心法、葡聚糖凝胶柱过滤法、透析法等。低温超速离心法在操作过程中可能会导致纳米胶束破碎，使得测定结果不准确；葡聚糖凝胶柱过滤法需要使用蒸馏水或适宜的缓冲液进行洗脱，可能会使得纳米体系稀释，从而导致药物的泄漏；透析法用时较长且需要较大量的透析液，可能会导致包封的药物泄漏，也不适用于难溶于水的药物的分离。因此本试验采用超滤离心法进行 EE 的测定，用时较短，测得的 EE 较高且稳定性较好。

（2）在药学制剂进行工艺和处方优化时，要考虑不同因素对结果的影响，从而优化实验结果。均匀设计和正交试验方法是目前国内使用较多的两种方法，虽然上述方法在实验过程中能取到较佳点，但精确度不够、预测性较差、对于最佳点定位并不十分精确等。近几年星点设计-效应面法在优化实验方面具有独特的优势，它集数学和统计学的方法于一身，实验次数较少、精确度较高、在药学领域方面的应用较为广泛且成熟，是一种新型的实验设计方法，能够更加精确地定位最佳点，预测最佳实验条件。

（3）对于 B-GPSG 纳米胶束在液体介质中长时间存储稳定性较差，特别是保持原液 Size 大小方面，防止药物的聚集及降解，考虑将其制成固体制剂储存，在稳定性和方便性上更占优势。冷冻干燥法相比于其他的干燥方法优势很多，更加适合热稳定性差易氧化变质的物料的干燥，但冻干过程中会降低表面活性剂的保护作用，纳米胶束容易破裂。

第16章

B-GPSG纳米胶束体内靶向性评价

16.1 材料与动物

16.1.1 试剂与仪器

试剂：B-GPSG 纳米胶束冻干品、B-PSG 纳米胶束冻干品 B 对照品（纯度＞98%）、甲醇（色谱纯）等。

仪器：微量移液器、分析电子天平、TGL-16C 型离心机、Waters e2695-2698 高效液相色谱仪系统、微型涡旋混合器、氮吹仪氮气发生器 DFNC-5LB 等。

16.1.2 实验动物

清洁级 ICR 健康小鼠（20g±2g），由黑龙江中医药大学实验动物中心提供。

16.2 体内组织分布研究

16.2.1 分析方法的建立

16.2.1.1 色谱条件

流动相，甲醇：水 - 乙酸 - 三乙胺（230：2.4：0.3）=30：70；色谱柱，Dikma C18（250mm×4.6mm，5μm）；检测波长，265nm；流速，1mL/min；进样量，20μL；柱温，30℃。

16.2.1.2 组织样品的处理

分别将小鼠的心、肝、脾、肺、肾、脑取出，生理盐水冲净，滤纸吸干,称重,置于离心管中,加入生理盐水(用量:1.00mL),置于高速匀浆机内,粉碎匀浆,完毕,转移至离心管中,加入 1mol/L 的氢氧化钠溶液(用量:0.5mL),涡旋 3min,超声 15min,加入氯仿(用量:2mL),涡旋 3min,超声 15min,离心 5min(转速 10000r/min),吸取上层匀浆液进行二次萃取,合并两次萃取液,37℃氮气吹干,滴加甲醇(用量:1mL),用于沉淀蛋白,离心 5min,取上清液置于 37℃氮气吹干,200μL 色谱甲醇溶解,离心,取上清液于 HPLC 进行测定。

16.2.1.3 专属性考察

A:分别取心、肝、脾、肺、肾、脑的空白组织匀浆液(不加入马钱子碱对照品的各组织匀浆液)。

B:含马钱子碱对照品的各组织匀浆液(体外空白各组织匀浆液中加入马钱子碱对照品)。

C:注射药物后的各组织匀浆液。

按上述方法处理样品并进样分析,结果表明,组织的处理方法合适,未引入干扰性物质,且测定结果不受内源性物质的影响,证明专属性符合要求。

16.2.1.4 线性关系的考察

精密量取马钱子碱浓度为 0.30μg/mL、1.50μg/mL、3.00μg/mL、6.00μg/mL、12.00μg/mL、24.00μg/mL 的系列标准品溶液 200μL,挥干溶剂,加入不同脏器的空白匀浆液,进行样品的处理和进样分析,记录峰面积,横坐标(X)为质量浓度,纵坐标(Y)为对照品峰高,用加权最小二乘法进行线性回归运算,回归方程见表 16-1。

表16-1 马钱子碱在各组织内的标准曲线

组织	回归方程	线性范围/(μg·mL^{-1})	R^2
心	$y = 45717x+35694$	0.30~24.00	$R^2=0.995$
肝	$y = 49339x+72140$	0.30~24.00	$R^2=0.993$
脾	$y = 41882x+9279.4$	0.30~24.00	$R^2=0.996$
肺	$y = 38402x-9394.1$	0.30~24.00	$R^2=0.992$
肾	$y = 51831x+168419$	0.30~24.00	$R^2=0.995$
脑	$y = 47003x+54706$	0.30~24.00	$R^2=0.996$

结果表明:在 0.30~24.00μg/mL 浓度范围内,马钱子碱的峰面积与质量浓度呈良好的线性关系。

16.2.1.5　精密度考察

分别取低、中、高浓度的马钱子碱对照品溶液适量,挥干有机溶剂,加入等量空白各组织匀浆液,进行样品的处理和进样分析,记录峰面积,日内、日间分别平均测定 6 次,日内与日间精密度均小于 5%,符合精密度要求。

16.2.1.6　回收率考察

分别取低、中、高浓度的马钱子碱对照品溶液适量,过微孔滤膜,进样分析,记录峰面积 $A_{1低}$、$A_{1中}$、$A_{1高}$,另分别取低、中、高浓度的马钱子碱对照品溶液适量,氮气挥干有机溶剂,加入等量空白各器官组织匀浆液适量,进行样品的处理以及进样分析,记录峰面积 $A_{2低}$、$A_{2中}$、$A_{2高}$,分别按 $A_{2低}/A_{1低}$、$A_{2中}/A_{1中}$、$A_{2高}/A_{1高}$ 计算高、中、低浓度的提取回收率与方法回收率,提取回收率大于 75%,方法回收率大于 85%,RSD<10%,表明提取比较完全,符合回收率要求。

16.2.1.7　稳定性考察

分别取低、中、高浓度的马钱子碱对照品溶液适量,每个浓度设置 6 个平行样,氮气挥干,加入适量空白各器官匀浆液,室温静置,于 6h、12h、24h 时间点进行取点,冷冻存储,间隔 1 周、2 周、3 周后取样,进行血浆样品的处理和进样分析,记录峰面积,计算 RSD<5%,符合稳定性要求。

16.2.2　小鼠组织分布研究

16.2.2.1　组织分布试验方案

将雌雄各半的小鼠 90 只随机分为 3 组,A 组为马钱子碱溶液组,B 组为 B-GPSG 纳米胶束组,C 组为 B-PSG 纳米胶束组。再将 A、B、C 三组随机分成五组。尾静脉注射给药前 12h 进行禁食不禁水,给药剂量为 10mg/kg,分别于给药后的不同时间点(10min、30min、60min、120min、180min、480min)进行取样,组织样品的处理和进样分析,记录峰面积,计算马钱子碱在不同时间点的浓度。

16.2.2.2　各脏器药物实测浓度

在不同时间点取样,A 组、B 组、C 组药物在各脏器内的浓度见表 16-2～表 16-4。组织分布直方图见图 16-1～图 16-3。

表16-2　马钱子碱溶液组在各组织内不同时间点的浓度（$n=6$）

时间/min	浓度/（μg/mL）					
	心	肝	脾	肺	肾	脑
10	2.96 ± 0.17	2.54 ± 0.16	2.74 ± 0.25	2.91 ± 0.23	3.05 ± 0.28	2.65 ± 0.24
30	2.68 ± 0.23	2.30 ± 0.13	2.59 ± 0.19	2.76 ± 0.14	2.86 ± 0.15	2.97 ± 0.15
60	2.32 ± 0.18	2.16 ± 0.09	2.24 ± 0.23	2.55 ± 0.13	2.69 ± 0.17	2.56 ± 0.10
120	1.91 ± 0.10	1.94 ± 0.12	2.09 ± 0.14	1.96 ± 0.19	1.82 ± 0.20	1.88 ± 0.14
180	1.18 ± 0.22	1.21 ± 0.11	1.08 ± 0.18	1.33 ± 0.07	1.07 ± 0.09	0.97 ± 0.08

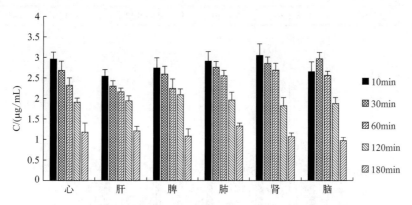

图16-1　马钱子碱溶液组在各脏器内不同时间点的浓度（$n=6$）

表16-3　B-PSG溶液组在小鼠各脏器不同时间点的浓度（$n=6$）

时间/min	浓度/（μg/mL）					
	心	肝	脾	肺	肾	脑
10	1.07 ± 0.14	1.12 ± 0.31	1.03 ± 0.18	1.12 ± 0.20	1.09 ± 0.21	0.82 ± 0.12
30	1.09 ± 0.22	1.37 ± 0.18	1.10 ± 0.25	1.17 ± 0.10	1.13 ± 0.13	1.05 ± 0.16
60	1.11 ± 0.18	1.41 ± 0.43	1.17 ± 0.12	1.05 ± 0.27	1.18 ± 0.26	1.16 ± 0.20
120	0.92 ± 0.17	1.26 ± 0.20	0.89 ± 0.13	0.96 ± 0.09	0.91 ± 0.24	0.91 ± 0.06
180	0.70 ± 0.13	1.05 ± 0.23	0.66 ± 0.24	0.73 ± 0.14	0.78 ± 0.17	0.73 ± 0.11
480	0.61 ± 0.07	0.97 ± 0.19	0.54 ± 0.11	0.61 ± 0.17	0.56 ± 0.08	0.54 ± 0.09

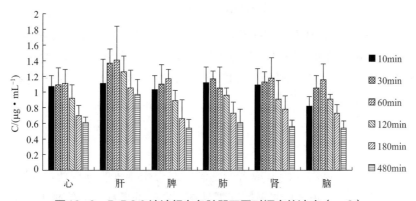

图16-2　B-PSG溶液组在各脏器不同时间点的浓度（$n=6$）

表16-4　B-GPSG溶液组在小鼠各脏器不同时间点的浓度（n=6）

时间/min	浓度/（μg/mL）					
	心	肝	脾	肺	肾	脑
10	1.05 ± 0.25	1.13 ± 0.21	1.07 ± 0.11	1.04 ± 0.28	1.01 ± 0.20	0.94 ± 0.19
30	1.07 ± 0.12	1.62 ± 0.13	1.12 ± 0.29	1.09 ± 0.19	1.07 ± 0.15	1.03 ± 0.13
60	1.10 ± 0.17	1.93 ± 0.15	1.21 ± 0.17	1.11 ± 0.13	1.15 ± 0.17	1.17 ± 0.09
120	0.88 ± 0.19	3.17 ± 0.28	0.91 ± 0.16	0.98 ± 0.24	0.85 ± 0.22	0.90 ± 0.06
180	0.72 ± 0.23	1.64 ± 0.34	0.75 ± 0.12	0.83 ± 0.18	0.63 ± 0.14	0.72 ± 0.07
480	0.55 ± 0.10	1.08 ± 0.31	0.47 ± 0.08	0.51 ± 0.12	0.57 ± 0.10	0.45 ± 0.15

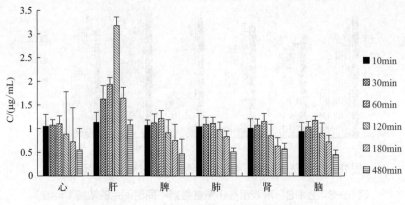

图16-3　B-GPSG组在各脏器不同时间点的浓度（n=6）

16.2.2.3　靶向性评价

给药系统的靶向性一般以相对摄取率（Relative uptake efficiency，Re）和靶向效率（Targeting efficiency，Te）来衡量。

（1）相对摄取率 Re

$$Re=(AUC_i)_p/(AUC_i)_s$$

其中，AUC_i 表示由浓度-时间曲线求得的第 i 个器官或组织的药时曲线下面积；脚标 s 和 p 分别表示原料药及药物制剂溶液。Re 大于 1，则表示药物制剂在该组织或器官具有一定靶向性。Re 越大，表示靶向效果越好。小于或者等于 1，则表示没有靶向性。

（2）靶向效率 Te

$$Te=(AUC)_{靶}/(AUC)_{非靶}$$

其中，Te 表示原料药溶液或者药物制剂对于靶器官的选择性。Te 值大于 1，表示药物制剂对靶器官比某非靶器官更具有一定的选择性；Te 值越大，选择性越强。药物制剂的 Te 值与原料药溶液的 Te 值的比值，表示药物制剂靶向性增强的倍数。

计算 B-GPSG 溶液组、B-PSG 溶液组以及马钱子碱溶液组各组织的药时-曲线下面积（AUC），代入如上公式计算出 Re 及 Te 值，结果见表16-5～表16-7。

表16-5　小鼠组织分布B-PSG溶液组靶向性评价结果

组织	AUC/[(μg/mL)·h]		Re	Te	
	B溶液组	B-PSG组		B溶液组	B-PSG组
心	371.99	371.78	0.99	0.94	1.45
肝	347.85	538.57	1.55	—	—
脾	364.67	355.44	0.97	0.95	1.52
肺	390.83	378.00	0.97	0.89	1.42
肾	384.00	378.75	0.99	0.91	1.42
脑	371.40	366.21	0.99	0.94	1.47

表16-6　小鼠组织分布B-GPSG溶液组靶向性评价结果

组织	AUC/[(μg/mL)·h]		Re	Te	
	B溶液组	B-GPSG组		B溶液组	B-GPSG组
心	371.99	359.78	0.97	0.94	2.22
肝	347.85	798.41	2.30	—	—
脾	364.67	363.20	1.00	0.95	2.20
肺	390.83	380.51	0.97	0.89	2.10
肾	384.00	350.39	0.91	0.91	2.28
脑	371.40	349.49	0.94	0.94	2.28

表16-7　小鼠组织分布B-PSG与B-GPSG组靶向性评价比较结果

组织	AUC/[(μg/mL)·h]		Re	Te	
	B-PSG组	B-GPSG组		B-PSG组	B-GPSG组
心	371.78	359.78	0.97	1.45	2.22
肝	538.57	798.41	1.48	—	—
脾	355.44	363.20	1.02	1.52	2.20
肺	378.00	380.51	1.00	1.42	2.10
肾	378.75	350.39	0.93	1.42	2.28
脑	366.21	349.49	0.95	1.47	2.28

观察分析以上图表，B-GPSG 溶液组与 B-PSG 溶液组在肝脏中马钱子碱的 Re 分别为 2.30 和 1.55，说明 B-GPSG 溶液组的靶向性明显高于 B-PSG 溶液组以及 B 溶液组。又通过比较 B-GPSG 溶液组和 B-PSG 溶液的 Re 值发现，GA 介导后的纳米胶束在肝脏组织的靶向性优于与未经修饰的纳米胶束。通过对比

B-GPSG 溶液组、B-PSG 溶液组与 B 溶液组的 Te 值分析，发现 B-GPSG 溶液组对肝脏的选择性明显强于其溶液组，说明 B-GPSG 溶液组相对于其溶液组对肝脏的靶向性增强。证明 GA 可作为靶向因子，将纳米制剂精准的输送至靶器官，发挥药物的治疗功效。

16.3 小动物活体成像研究

16.3.1 实验动物

清洁级 ICR 健康小鼠（20g±2g），由黑龙江中医药大学实验动物中心提供。

16.3.2 活体成像方法

16.3.2.1 样品的制备

精密称定 7.00mg GPSG 载体、1.20mg 马钱子碱对照品、1.00mg DIR 于烧杯中，加入 20mL 丙酮超声溶解，42℃下避光减压旋转蒸发成膜，加入 13.00mL 去离子水，40℃条件下水化薄膜，即得 DIR-B-GPSG 纳米胶束。

同法制备 DIR-B-PSG 纳米胶束。

16.3.2.2 分组与给药方式

ICR 小鼠 18 只，随机分为 3 组，DIR-B-GPSG 组、DIR-B-PSG 组和 DIR 溶液组。给药前动物禁食不禁水 12h 后，尾静脉注射给药，给药剂量为 2mg/kg。实验前于小鼠腹腔注射 4% 水合氯醛深度麻醉动物。待小鼠麻醉后，尾静脉注射给药。放置活体成像仪中，各实验组分别在 10min、30min、60min、120min、180min 及 480min 实时拍照。

16.3.2.3 实验结果

与 DIR 组相比，DIR-B-PSG 组尾静脉注射后，观察到明亮的全身信号，肝脏部位较弱，说明药物平均分散于各个组织，60min 时全身各组织中的荧光最亮，随着时间的延长，荧光逐渐减弱。而 DIR-B-GPSG 组可以明显地在肝脏区域观察到较强的荧光信号，药物主要集中在肝脏细胞处，120min 在肝脏部位的蓄积量最大。

16.4 讨论与小结

16.4.1 讨论

因药物的理化性质不同以及生理因素的差异，使得药物在体内的分布是不均匀的，不同的药物有不同的体内分布特征。传统意义来讲，将药物做成纳米制剂，本身就可以增加药物的趋肝性，未经 GA 介导的纳米胶束属于被动靶向制剂，被动靶向的纳米胶束通常利用静电作用等化学性质及粒径大小等物理因素实现靶向肝脏目的，而经由 GA 介导后纳米胶束可通过主动靶向方式到达肝脏，GA 可识别肝脏上的特异性受体，并与之相结合，释放出治疗药物从而发挥疗效。本研究通过组织分布实验，将 B-GPSG 纳米胶束与未经 GA 介导的 PSG 纳米胶束相比较，进一步探索其肝靶向性能。

在开展动物试验时，通常需要处死试验动物，对其进行解剖进而取材，既无法满足长期监测的需求，同时也不能动态地监测药物治疗全程。所以小动物活体成像技术是现下研究药物在机体内动态的方法之一。用于小动物活体成像标记的 DIR 是一种亲脂性荧光染料，将其包载于剂型中，经尾静脉注射给药后，可用于观察剂型在体内的迁移与分布，考察剂型的靶向性。

16.4.2 小结

组织分布实验表明，相比于 B-PSG 纳米胶束，经 GA 介导后的 B-GPSG 纳米胶束表现出更加明显的肝靶向，并且随着时间的延长，药物逐渐在肝部浓集，从而达到肝部定向输送药物的特点，实现了药物的最优利用，从而从某种意义上，减少了对其他脏器的毒副作用以及发挥了长效的作用，实现了制备此药物载体的初衷，也为后续的研究奠定了一定的科研基础。

通过小动物活体成像结果可知，与 B-PSG 相比，制备成 B-GPSG 可易被肝细胞摄取，并同时改变了药物在体内的组织分布，实现了药物的主动靶向性。进一步证明了 GA 具有良好的靶向效果，说明试验结果符合 GA 介导后的纳米胶束可主动靶向至肝脏细胞并发挥药效作用的设想。

第17章
B-GPSG纳米胶束的体外抗肿瘤活性研究

17.1 试剂与仪器

试剂：DMED培养基、特级胎牛血清（FBS）、胰蛋白酶、磷酸盐缓冲液（PBS）、双抗（青霉素/链霉素）、四甲基偶氮唑（MTT）、二甲基亚砜（DMSO）等。

仪器：超净工作台、倒置光学显微镜、低速台式离心机、二氧化碳培养箱、高压灭菌锅、流式细胞仪、细胞培养板（6孔、12孔、96孔）、细胞培养瓶（25cm^2）、可调微量移液器、酶标仪等。

17.2 研究方法

17.2.1 CBRH-7919肝癌细胞的培养

CBRH-7919肝癌细胞在含有10%胎牛血清、1%双抗的DMEM培养基中进行培养，37℃、5% CO_2及相对湿度95%条件下生长，取对数生长期的细胞进行实验。

（1）细胞复苏　采取快速融溶法复苏细胞，将冻存于-80℃冰箱中的细胞取出，迅速置于37℃水浴锅中快速振摇，使冻存管中液体融化。转移至已加入3mL培养液的离心管中，吹打成细胞悬液，1000r/min离心3min，弃上清，于离心管中再次加入培养液，调整细胞浓度为$5 \times 10^5 mL^{-1}$，将计数后的细胞悬液分装于25cm^{2}培养瓶内，置于37℃、5% CO_2培养箱中继续培养。

（2）细胞传代　选择对数生长期状态优良的细胞，在细胞覆盖培养瓶底部到达80%～90%时，开始传代。弃去培养液，无菌PBS冲洗细胞表面2次。加入

1mL 0.25% 胰蛋白酶消化，置于 37℃培养箱中孵育 2min，倒置光学显微镜下观察细胞是否回缩为圆形，不再粘连成片且浮于表层时即表示消化完成，消化完成后迅速加入 2mL 培养液吹打成细胞悬液，转移至离心管中 1000r/min 离心 3min，弃去上清，加入培养液吹打均匀，转移至 2～3 个细胞培养瓶中，补足 4mL 培养基，置入培养箱中继续培养。

（3）细胞冻存　选择生长状态优良、存活率高、密度为 80%～90% 的细胞冻存。预先配制冻存液（10% DMSO+90% 胎牛血清），在 4℃冰箱预冷。小心吸弃培养瓶中的培养液，无菌 PBS 溶液冲洗细胞两次，胰酶消化细胞，再用培养液使细胞悬浮，离心后将预冷的冻存液加入细胞中，吹打混匀。于冻存管中加入 1mL 冻存液，密封后用脱脂棉包住冻存管，置于 4℃冰箱中 30min，然后转到 -20℃条件下放置 1h；最后放入 -80℃冰箱冻存。

17.2.2　细胞生长特性

将 CBRH-7919 肝癌细胞以 5000 个/孔平行接种于 96 孔板中，每隔 24h 取 4 个实验孔和 1 个未接种细胞的空白孔，每孔中加入 20μL 5mg/mL 的 MTT 溶液，置于 37℃培养箱中孵育 4h 后，取出，弃去上清液。再向每孔加入 150μL DMSO，振荡 10min。多功能酶标仪测定 490nm 波长处的吸光值，4 个实验孔的吸光值取平均数，以时间（h）为横坐标，实验孔与空白孔的吸光度差值（A）为纵坐标，绘制 CBRH-7919 肝癌细胞生长曲线如图 17-1。CBRH-7919 细胞具有贴附的生长特性，置于倒置显微镜下观察，细胞呈多角长梭形，贴壁性良好，铺展面积较大，2～3 天即可传代一次。实验发现，CBRH-7919 细胞生长迅速，第 4 天时细胞已长满培养瓶底部，并伴随着出现较多的死细胞。通过 5 天之中细胞数量的变化绘制细胞生长曲线，根据 CBRH-7919 细胞生长特性，其最佳干预期为 72h 左右，后续实验可均在其最佳干预期进行。

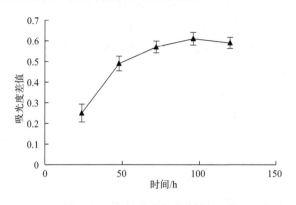

图 17-1　细胞的生长曲线（n=3）

17.2.3 细胞毒性试验

MTT 法是一种检测细胞是否存活的常用的一种实验方案。MTT 是一种黄色染料化合物，可接受氢离子，可以被琥珀酸脱氢酶还原并形成蓝紫色的不溶于水、可溶于二甲基亚砜（DMSO）的甲臜。用酶标仪 490nm 波长处测定吸光度 OD 值，可判定细胞的存活状态。甲臜结晶的数量越多，表示细胞存活率越高。计算公式如下：

$$细胞抑制率\% = 1 - (OD_{test}/OD_{control}) \times 100\%$$

其中，OD_{test} 为实验组的吸光度值；$OD_{control}$ 为对照组的吸光度值，OD 为空白组的吸光度值。

通过 SPSS 软件线性回归模块里概率分析的方法计算游离药物的 IC_{50} 值。

17.2.3.1 MTT 溶液的配制

用无菌 PBS（pH=7.4）配制成浓度为 5mg/mL 的 MTT 溶液。待充分溶解后，0.22μm 无菌滤器过滤，分装，密封并包裹锡纸，于 –20℃冰箱中避光保存。

17.2.3.2 统计学分析

应用 SPSS17.0 软件对 MTT 的数据结果进行统计学分析，t 检验比较（$P<0.05$ 及 $P<0.01$ 表示结果差异显著）。

17.2.3.3 空白纳米胶束对 CBRH-7919 细胞的细胞毒性作用

在抗肿瘤药物载体的研究中，从细胞生物学角度体外评价空白载体材料的安全性，采用 MTT 法考察了不同浓度下 PSG、GPSG 两种空白胶束的细胞毒性大小。将 CBRH-7919 细胞接种于 96 孔板，密度约 5000×10^4 个每孔，培养箱中孵育过夜，吸去培养液，分别加入一系列浓度的空白胶束溶液，浓度分别为 1μg/mL、10μg/mL、100μg/mL、500μg/mL、1000μg/mL、1500μg/mL、2000μg/mL。培养箱中孵育 24h、48h 和 72h 后，加入 20μL MTT 溶液，继续孵育 4h。弃去培养液，加入 150μL DMSO，在微型振荡器上振摇 10min，使沉淀充分与 DMSO 溶解，在酶标仪波长为 490nm 处测定吸光度，记录结果。

在抗肿瘤药物载体的研究中，从细胞生物学角度体外评价空白载体材料的安全性，采用 MTT 法评价空白纳米胶束对 CBRH-7919 细胞的细胞毒作用。据文献报道，细胞存活率高于 80% 即可认为无毒。由图 17-2 可知，两种空白载体材料分别孵育 24h、48h 和 72h，纳米胶束随着时间的延长和浓度的增加，细胞毒性有所增加，但在浓度小于 2000μg/mL 时细胞存活率均高于 80%，因此，认为材料未表现出细胞毒作用，说明该胶束载体具有良好的生物安全性，为后续实验排除了胶束载体细胞毒的干扰。同时，经 GA 介导后的载体材料的细胞毒性略高于未经介导的载体材料，说明 GA 具有一定的抗肝癌能力，可与模型药物起到协同作用，增强疗效。

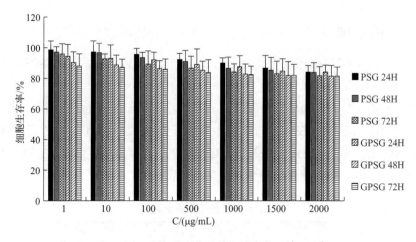

图 17-2　空白胶束载体的细胞毒作用（$n=6$）

17.2.3.4　载药纳米胶束对 CBRH-7919 细胞的细胞毒性作用

取生长状态良好的 CBRH-7919 细胞，用 RPMI-1640 培养基制成单细胞悬液，在 96 孔板中每孔加入约 0.5×10^4 个细胞，置于 5% CO_2、37℃细胞培养箱中孵育 24h。待细胞贴壁后，分别加入三个实验组的供试品，质量浓度为 7.8μg/mL、15.6μg/mL、31.2μg/mL、62.5μg/mL、125μg/mL、250μg/mL、500μg/mL、1000μg/mL、2000μg/mL，以不加马钱子碱培养的细胞作为对照组，每个浓度设 6 个平行孔。将加药后的培养板置于细胞培养箱中，分别于培养 24h、48h、72h。孵育后每孔加 20μL MTT，继续孵育 4h，去掉上清液，每孔再加入 100μL DMSO，将培养板水平振荡 15min，使紫色结晶物充分溶解。用酶标仪在 490nm 的波长测其吸光度值 OD 值。

结果表明，各实验组均呈现药敏阳性，作用于 CBRH-7919 细胞的抑制率与空白对照组相比均具有统计学意义。由表可知，用药物处理细胞 24h、48h 和 72h 后，细胞的生长有明显抑制作用，抑制率随时间延长而上升，存在统计学差异；各浓度的实验组对 CBRH-7919 细胞增殖具有抑制作用，并随药物浓度的增加抑制率上升，结果具有显著差异。因此得到结论如下：马钱子碱游离药物组与马钱子碱纳米胶束组对 CBRH-7919 细胞增殖均具有抑制作用，呈明显的时间依赖性和剂量依赖性；游离的马钱子碱作为小分子药物，主要通过扩散作用释放到介质中,发挥作用快;而载药胶束制剂通过胞吞进入细胞后是通过胶束的内核结构的解聚释放药物,发挥作用比游离的药物要慢,具有一定的缓释作用,所以胶束制剂比游离药物更具有肿瘤抑制潜力,同时也说明经 GA 介导的聚合物载体包载 B 制备成胶束后具有协同增效的作用。

17.2.4　IC_{50} 值

根据马钱子碱和载药胶束作用于 CBRH-7919 细胞抑制率,用 SPSS 计算出 IC_{50} 值,结果见表 17-1。

IC_{50} 值可以用来衡量马钱子碱以及其制剂组诱导细胞死亡的能力,即该数值越高,诱导能力越弱。在 48h 与 72h,马钱子碱溶液组的 IC_{50} 明显高于 B-PSG 和 B-GPSG 组,而 B-PSG 组又高于 B-GPSG 组。这提示我们 B-GPSG 组对肝癌细胞的抑制作用较强,使得肝癌细胞存活率降低。

表 17-1　各药物组的 IC_{50} 值

分组	48h IC_{50}/(μg/mL)	72h IC_{50}/(μg/mL)
马钱子碱	1476.30	772.34
B-PSG	121.81	58.12
B-GPSG	115.63	44.61

17.2.5　细胞摄取试验

17.2.5.1　载 FITC 纳米胶束的制备

精密称取 FITC 粉末 5mg,超声使其充分溶解于二氯甲烷并定容至 10mL 容量瓶中,制成 500μg/mL 的储备液备用。然后称取 GPSG 载体 7.00mg,置于 50mL 圆底烧瓶中,加入适量 FITC 储备液,超声溶解使其分散均匀,42℃条件下,旋转蒸发成膜,使有机试剂挥发完全。然后加入 40℃的 13.00mL 的无血清培养基,超声使其完全水化,1000r/min 离心 10min,过 0.22mμ 的微孔滤膜,去除可能未包载的游离的 FITC,即可得到澄清的包载 FITC-GPSG 纳米胶束溶液。

同法制备包载 FITC-PSG 纳米胶束溶液,以及空白纳米胶束备用。

17.2.5.2　载 B 纳米胶束细胞摄取情况的定性观察

将 CBRH-7919 肝癌细胞用培养液稀释成密度为 1×10^4 个/mL 的细胞悬液,并将细胞接种于 12 孔细胞培养板中,在含一定浓度的 CO_2 无菌培养箱中培养 24h,待细胞贴壁,分别取所含马钱子碱浓度为 500μg/mL、250μg/mL、125μg/mL

的 FITC-B-GPSG 和 FITC-B-PSG 溶液组、FITC 溶液组以及空白载体 GPSG 和 PSG 制备的空白纳米胶束组，共 9 组。与细胞共孵育 24h，实验前用 PBS 轻轻冲洗细胞表面 3 次，置于荧光显微镜下观察 CBRH-7919 细胞对各实验组的摄取情况。

FITC 溶液和细胞共同孵育后，未出现荧光现象，说明 FITC 溶液本身不能进入细胞内部；没有 FITC 标记的空白纳米胶束与细胞共同孵育后，也没有显现出荧光现象，说明 GPSG 以及 PSG 载体制成的纳米胶束本身不能发光，排除了游离 FITC、GPSG 载体、PSG 载体的干扰；包载 FITC 的 B-PSG 纳米胶束组与细胞作用后可以观察到荧光，浓度为 500μg/mL 的 B-PSG 纳米胶束与细胞共同孵育，荧光强度最强，细胞的密度和强度随着纳米粒浓度的降低而逐渐降低；包载 FITC 的 B-GPSG 纳米胶束组，细胞摄取的数量较 B-PSG 组明显增多且荧光更明显，并且也表现出比较典型的剂量依赖性。而由此表明，GPSG 载体包载 B 的纳米胶束能够被 CBRH-7919 细胞摄取，并且细胞摄取的数量较 PSG 载体组明显增加，从而反映 GPSG 作为载体的疗效可能更优于 PSG 载体。

17.2.5.3 载 B 纳米胶束细胞摄取情况的定量分析

将细胞密度调整为 1×10^4 个 /mL，接种于 12 孔细胞培养板上贴壁生长。实验组分为 FITC-B-GPSG 组、FITC-B-PSG 组、FITC 溶液组和空白纳米胶束组，四个实验组分别与细胞共孵育 24h。实验前用 PBS 清洗 3 次，胰蛋白酶消化细胞，1000r/min 离心 5min，最后用 PBS 重悬细胞置于 2mL 离心管中。选用 FL1 激发光通道，用流式细胞分析仪分析细胞的摄取情况。空白纳米胶束与 FITC 溶液与细胞作用后，阳性细胞百分数很低，分别为 0.0% 与 0.9%，表明空白纳米胶束本身无荧光，且 FITC 在本实验孵育时间内不能进入细胞，排除了空白纳米胶束与 FITC 溶液对实验结果的影响。

（1）药物剂量对细胞摄取的影响　CBRH-7919 细胞在 12 孔培养板中贴壁生长后，加入马钱子碱浓度分别为 125μg/mL、250μg/mL、500μg/mL 的 FITC-B-GPSG、FITC-B-PSG 纳米胶束溶液，于 37℃、5% CO_2 培养箱中孵育 24h，处理并收集细胞，用流式细胞仪检测，考察药物剂量对细胞摄取的影响。

随着药物浓度的增大（125～500μg/mL），B-GPSG、B-PSG 两组细胞阳性细胞百分数分别为 52.3%、66.5%、79.6% 与 35.1%、54.9%、77.2%，呈现出逐渐升高的趋势，因此 CBRH-7919 细胞的摄取量在一定范围内呈剂量依赖性，且 FITC-B-GPSG 纳米胶束更易被细胞摄取。

（2）温度对细胞摄取的影响　CBRH-7919 细胞在 12 孔培养板中贴壁生长后，加入马钱子碱浓度为 500μg/mL 的 FITC-B-GPSG、FITC-B-PSG，分别于 4℃、

37℃孵育 24h，收集细胞，流式细胞仪测定，考察温度对细胞摄取的影响。

细胞内存在大量的转运蛋白，这些蛋白中大部分在 37℃时活性最高，而随着温度的降低，蛋白活性也随之降低。4℃是一个低能量培养条件，在这个温度下培养的细胞处于"休眠"状态，通过内吞进入细胞的摄取过程会受到抑制。为研究 CBRH-7919 细胞对纳米粒的摄取是否存在内吞过程，考察 4℃和 37℃时细胞摄取情况的影响。在 37℃时 CBRH-7919 细胞对 B-GPSG、B-PSG 的摄取量为 56.8%、43.0%，而 4℃时的摄取量为 32.8%、26.4%，提示 CBRH-7919 细胞对纳米胶束的摄取存在主动转运的过程。

（3）孵育时间对细胞摄取的影响　CBRH-7919 细胞在 12 孔培养板中贴壁生长后，加入马钱子碱浓度为 500μg/mL 的 FITC-B-GPSG、FITC-B-PSG 溶液，于培养箱中培养 0.5h、1h、2h、4h，收集细胞，流式细胞仪测定，考察孵育时间对细胞摄取的影响。B-GPSGs 及 B-PSG 与细胞作用时，随着孵育时间的不断增加（0.5～4h），流式细胞仪测定的细胞摄取阳性细胞百分数由 15.6% 增加至 61.5%、1.7% 增加至 30.4%，表明 B-GPSG 及 B-PSG 能够很好地被 CBRH-7919 细胞摄取，且细胞摄取量与孵育时间在一定范围内呈正相关。B-GPSG 摄取量高于没有被 GA 介导组，说明 GA 介导后药物具有优秀的靶向能力，能更好地被细胞摄取，发挥治疗作用。

（4）内吞抑制剂对细胞摄取的影响　纳米胶束细胞内化过程具有能量依赖过程的特征，且细胞内化有多种途径，采用不同的抑制剂对各制剂的细胞内吞机制进行考察。取对数生长期的 CBRH-7919 细胞以每孔 $2×10^5$ 个细胞浓度接种于 12 孔板中，完全培养液 37℃孵育 24h 后，移去培养液，用不含血清的培养液孵育细胞 15min，每孔分别加入以下抑制剂 500μL：①蔗糖（154mg/mL），抑制网格蛋白介导的内吞。②制霉菌素（10μg/mL），抑制细胞膜穴样凹陷介导的内吞路径。③阿米洛利（10μg/mL），抑制巨胞饮路径。④叠氮化钠（25 mmol/mL），抑制细胞的能量代谢。加入以上各种抑制剂后，于 37℃孵育 1h，再分别加入一定浓度的 B 溶液剂和 FITC-B-GPSG、FITC-B-PSG 溶液，孵育 2h 后，弃去含制剂的培养液，收集细胞，流式细胞仪测定，考察不同抑制剂对细胞摄取的影响。

加入蔗糖、阿米洛利、制霉菌素和叠氮化钠后，B-GPSG 及 B-PSG 组随着各内吞抑制剂的加入，与对照组相比细胞摄取量均出现了不同程度的影响。与制霉菌素和阿米洛利相比，蔗糖和叠氮化钠加入后两组纳米胶束的细胞相对摄取率降低更为明显。加入蔗糖后 B-GPSG 与 B-PSG 组的细胞摄取阳性细胞百分数由 50.8% 降至 7.8%、45.9% 降至 3.4%，加入叠氮化钠后两组细胞摄取阳性细胞百分数由 50.8% 降至 10.1%、45.9% 降至 5.6%，表明 B-GPSG 及 B-PSG 被细胞摄取时存在能量依赖性，且入胞的途径主要与网格蛋白介导的内吞路径有关。但制霉菌素对 B-PSG 组的细胞摄取量影响较 B-GPSG 组大,说明纳米胶束引入 GA 靶向分子,可能对其细胞膜穴样凹陷介导的内吞摄取会带来一定的影响。

17.3 讨论与小结

17.3.1 讨论

　　MTT 分析法是一种检测细胞存活和生长的方法,它以代谢还原噻唑蓝为基础,活细胞的线粒体中存在与 NADP 相关的脱氢酶,可将黄色的 MTT 还原为不溶性的蓝紫色的甲䐶(formazan),死细胞此酶消失,MTT 不被还原。用二甲基亚砜溶解甲䐶后,可用酶标仪在 490nm 的波长处检测光密度值(OD 值),以反映活细胞的数目。根据此原理,我们通过测定药物处理后的细胞 OD 值变化,从而算出抑制率,用于体外检测药物的细胞毒作用,从而检测该细胞对药物的敏感程度。

　　药物是否靶向于细胞内,常用的方法是体外细胞摄取实验,检测仪器有荧光显微镜、流式细胞仪等。纳米胶束的细胞摄取过程一般为网格蛋白介导内吞、细胞膜穴样凹陷介导的内吞、巨胞饮等。本课题以 CBRH-7919 细胞株为细胞模型,研究 B-GPSG 纳米胶束能否被 CBRH-7919 细胞摄取,并选择蔗糖、制霉菌素、阿米洛利和叠氮化钠作为摄取抑制剂对摄取机制初步探索。

17.3.2 小结

　　MTT 试验发现马钱子碱溶液、B-PSG 溶液组和 B-GPSG 溶液组均明显地表现出剂量依赖性的细胞毒作用,说明将马钱子碱包载在新型载体的纳米递药系统中其抗肿瘤活性并未丧失;且在剂量增大的同时各组对肝癌细胞的毒性均呈现明显增大的趋势。又发现经过 GA 介导的纳米胶束增加了主动靶向功能,增加马钱子碱对肝癌细胞的抑制作用,提高药物的抗肿瘤能力。

　　通过荧光显微镜进行分析,结果说明经过 GA 介导的纳米胶束能被 CBRH-7919 细胞摄取,且细胞的摄取量与纳米胶束呈剂量依赖性。采用流式细胞仪定量分析,表明 CBRH-7919 细胞对纳米胶束的摄取与药物浓度、孵育时间及孵育温度正相关,且 GA 介导后纳米胶束被细胞摄取更强;摄取抑制剂研究结果表明,纳米胶束被细胞摄取时存在能量依赖性,且入胞的途径主要与网格蛋白介导的内吞路径有关,之后被细胞内化进入内涵体/溶酶体,受到内[吞]体/溶酶体中相应的酸性蛋白酶降解。

参考文献

[1] 董兵, 朱毅敏. 癌症分子靶向治疗的研究现状 [J]. Chinese journal of cancer, 2010, 29(3):370-375.

[2] Vladimir Torchilin. Tumor delivery of macromolecular drugs based on the EPR effect[J]. AdvancedDrug Delivery Reviews, 2010, 63(3): 131-135.

[3] Maeda Hiroshi, Tsukigawa Kenji, Fang Jun. A Retrospective 30 Years After Discovery of the Enhanced Permeability and Retention Effect of Solid Tumors:Next-Generation Chemotherapeutics and Photodynamic Therapy-Problems, Solutions, and Prospects[J]. Microcirculation (New York, N.Y.:1994), 2016, 23(3):173-182.

[4] 郝爱军, 张宇, 郭兴家, 等. EPR 作用及其在抗肿瘤大分子药物研究中的应用 [J]. 中国新药杂, 2012, 21(21): 2516-2520.

[5] FANG J, NAKAMURA H, MAEDA H. The EPR effect: Unique features of tumor blood vessels for drug delivery, factors involved, and limitations and augmentation of the effect[J]. Adv Drug Deliv Rev, 2011, 63(3): 136-151.

[6] Zasadzinski J A, Wong B, Forbes N, et al. Novel methods of enhanced retention in and rapid, targeted release from liposomes[J]. Curr Opin Colloid Interface Sci, 2011, 16(3): 203-214.

[7] 李洁, 余振南, 邓意辉. 高渗透长滞留效应理论在肿瘤靶向药物传递系统设计中的应用进展 [J]. 沈阳药科大学学报, 2013, 30(2):150-159.

[8] GENG Y, DALHAIMER P. CAI S, et al. Shape effects of filaments versus spherical particles in flow and drug delivery[J]. Nature Nanotechnology, 2007, 2(4): 249-255.

[9] 徐洋, 石莉, 邓透辉. 聚乙二醇 - 脂质街生物修饰对脂质体稳定性的影响 [J]. 药学学报, 2011, 46(10): 1178-1186.

[10] TORCHILIN V. Tumor delivery of macromolecular drugs based on the EPR effect[J]. Adv Drug Deliv Rev, 2011, 63(3): 131-135.

[11] DUNCAN R. Polymer therapeutics as nanomedicines: new perspectives[J]. Curr Opin Biotechnol, 2011, 22(4): 492-501.

[12] MAEDA H, MATSUMURA Y. EPR effect based drug design and clinical outlook for enhanced cancer chemotherapy[J]. Adv Drug Deliv Rev, 2011, 63(3): 129-130.

[13] Maeda H, Takeshita J, Kanamaru R. A lipophilic derivative of neocarzinostatin. A polymerconjugation of an antitumor protein antibiotic[J]. Chemical Biology&Drug Design, 2010, 14(2): 81-87.

[14] MAEDA H, SAWA T, KONNO T. Mechanism of tumor-targeted delivery of macromolecular drugs, including the EPR effect in solid tumor and clinical overview of the prototype polymeric drug SMANCS[J]. J Control Release, 2001, 74(1-3): 47-61.

[15] Abuchowski A, Kazoi G M, Verhoest C R, et al. Cancer therapy with chemically modified enzymes I antitumor properties of polyethylene glycol-asparaginase conjugates[J]. Cancer Biochem Biophys, 1984, 7(2): 175-186.

[16] Bukowski R, Ernstoff M S, Gore M E, et al. Pegylated interferon alfa-2btreatment for patients with solid tumors: a phase I / Ⅱ study[J]. Clin Oncol, 2002, 20(18): 3841-3849.

[17] Ochi Y, Shiose Y, Kuga H, et al. A possible mechanism for the long-lasting antitumor effect of the macromolecular conjugate DE-310:mediation by cellular uptake and drug release of its active camptothecin analog DX-8951[J]. Cancer Chemother Pharmacol, 2005, 55(4): 323-332.

[18] Masubuchi N. Pharmacokinetics of DE-310, a novel macromolecular carrier system for the camptothecin analog DX-8951f,in tumor-bearing mice[J].Pharmazie, 2004, 59(5): 374-377.

[19] Kumazawa E, Ochi Y. DE-310, a novel macromolecular carrier system for the camptothecin analog DX-8951f: potent antitumor activities in various murinetumor models[J]. Cancer Sci, 2004, 95(2): 168-175.

[20] 孙晓飞，张健，敖桂珍. 大分子载体抗癌药的 EPR 效应 [J]. 中国新药杂志，2007, 16(1): 16-20.

[21] Chen S, Zhao X, Chen J, et al. Mechanism-based tumor-targeting drug delivery system. Validation of efficient vitamin receptor-mediated endocytosis and dru g release[J]. Bioconjug Chem, 2010, 21(5): 979-987.

[22] Lin Y. Investigation of correlation between expression of glvoma diphtheria to xin receptor and pathological grade of glioma[D]. Shengyang: China Medical University, 2009.

[23] 范锋，孙晓飞. 半乳糖受体介导的肝靶向药物研究进展 [J]. 中南药学，2007(01): 62-65.

[24] 何文丽，董星，闫梦，等. 基于叶酸受体靶向的肿瘤诊断和治疗策略 [J]. 中国新约杂志，2023, 32(15): 1531-1537.

[25] 郭子龙. 转铁蛋白受体 -CAR T 细胞的制备及其抗瘤效应研究 [D]. 武汉：华中科技大学，2023.

[26] Wolff N A, Abouhamed M, Verroust P J, et al.Mega-lin-dependent internalization of Cadmium-Metallothionein and cy-totoxicity in cultured renal proximal tubule cells[J].J Pharma-col Exp Ther, 2006, 318 (2) :782-791.

[27] White H S, Scholl E A, Klein B D. et al. Developing novel antiepileptic drugs: characterization of NAX 5055.a systemically-active galanin analog.in epile psy models[J]. Neurotherapeutics, 2009, 6(2): 372-380.

[28] Runesson J, Saar I, Lundstrm L, et al. A novel GalR2-specific peptide agonist[J]. Neuropeptides, 2009, 43(3): 187-1921.

[29] Pandey K N. Ligand-mediated endocytosis and intracellular se-questration of guanylyl cyclase/natriuretic peptide receptors: roleof GDAY motif[J]. Mol Cell Biochem, 2010, 334 (1-2): 81-98.

[30] Hong M, Zhu S, Jiang Y, et al. Novel anti-tumor strategy: PEG-hydroxycampt othecin conjugate loaded transferring-PEG-nanopartictes[J]. J Control Release, 2010, 141(1): 22-29.

[31] Zhan C, Meng Q. Li Q, et al. Cyclic RGD-polyethylene glycolpolyethylenimine for intracranial glioblastoma-targeted gene delivery[J]. Chem Asian J, 2012, 7(1): 91-96.

[32] Gao J, Chen K, Miao Z, et al. Affibody-based nanoprobes for HER2-expressing cell and tumor imaging[J]. Biomaterials, 2011, 32(8): 2141-2148.

[33] Han X, Liu J, Liu M, et al. 9-NC-loaded folate-conjugated polymer micelles as tumor targeted drug delivery system: preyaration and evaluation in vitro[J]. Int JPharm, 2009, 372(1-2): 125-131.

[34] Sato Y, Murase K, Kato J, et al. Resolution of liver cirrhosis using vitamin A-coupled liposomes to deliver siRNA against a collagen-specific chaperone[J]. Nat Biotechnol, 2008, 26(4): 431-442.

[35] Russell-Jones G, MeTavish K, McEWAN J. Preliminary studies on the selective accumulation of vitamin-targeted polymers with tumors[J]. J Drug Target, 2011, 19(2): 133-139.

[36] Kim E M, Jeong H J, Park I K, et al. Hepatocyte-targeted nuclear imaging using99mTc-galactosylated chitosan: conjugation, targeting and biodistribution[J]. J Nucl Med, 2005, 46(1): 141-145.

[37] Opanasopit P, Higuchi Y, Kawakami S, et al. Involvement of serum mannan binding proteins and mannose receptors in uptake of mannosyated liposomes by macrophages[J]. Bicchim Biophys Acta, 2001, 151(1): 134-145.

[38] Luo Y, Bernshaw N J, Lu Z R, et al. Targeted delivery of doxorubicin by HPMA copolymer-hyaluronan bioconjugates[J]. Pharm Res, 2002, 19(4): 396-402.

[39] Torchilin VP. Targeted pharmaceutical nanocarriers for cancer therapy and imaging[J]. AAPS J, 2007, 9(2): 128-147.

[40] Luo Z, Cai K, Zhao L. Mesoporous Silica Nanoparticles End Capped with Collagen: Redox-Responsive Nanoreservoirs for Targeted Drug Delivery[J]. Angew Chem Int Ed Enq, 2011, 50(3): 640-643.

[41] Weecharangsan W, Yu B, liu S. Disulfide-linked Liposomes: Effective DeliveryVehicle for Bcl-2 Antisense Oligodeoxyribonucleotide G3139[J]. Anti-Cacer Res, 2010, 30(1): 31-38.

[42] Han H D, Choi M S, Hwang T. Hyperthermia-induced antitumor activity of thermo sensitive polymermodified temperature-sensitive liposomes[J]. J Pharm Sci, 2006, 95(9): 1909-1917.

[43] Devalapally H, Shenoy D, Little S. Poly(ethylene-oxide)-modified poly(beta-amino ester) nanoparticles as a pH-sensitive system for tumor-targeted delivery of hydrophobic drugs: part 3.Therapeutic efficacy and safety studies in ovaria n cancer xenograft model[J]. Cancer Chemother Pharmaco, 2007, 59(4): 477-484.

[44] Knezevic N Z, Trewyn B G. Functional ized mes-oporous silica nanoparticle-based visible light resp-onsive controlled release delivery system[J]. Chem Commun, 2011, 47(10): 2817-2819.

[45] Stanciu L, Won Y H, Ganesana M. Magnetic P-article-Based Hybrid Platforms for Bioanalytical S-ensors[J]. Sensors, 2009, 9(4): 2976-2999.

[46] 张春燕, 张存雪, 王慧云, 等. 多重刺激响应型纳米药物传递系统的研究进展 [J]. 中国新药杂志, 2013, 22(20): 2383-2387.

[47] Yaghi O M, Li G, Li H. Selecti ve binding and removal of guests in a microporous metal-organic framework[J]. Nature, 1995, 378(6781): 703-706.

[48] Chui S S Y, Lo S M F, Charmant J P H, et al. A Chemically Functiona lizable Nanoporous Material [$Cu_3(TMA)_2(H_2O)_3$]n [J]. Science, 1999, 283(5405): 114-1150.

[49] Li H, Eddaoudi M, Keeffe M O, et al. Design and synthesis of an exceptionally stable and highly Porous metal-organic framework[J]. Nature, 1999, 402(6759): 276-279.

[50] Horcajada P, Gref R, Baati T, et al. Metal-organic frameworks in biomedicine[J]. Chem Rev, 2012, 112(12): 32-68.

[51] Taylor-Pashow K M L, Rocca J D, Xic Z, et al. J. Postsynthetic modifications of iron-carboxylate nanoscale metal-organic frameworks for imaging and drug delivery[J]. dm.Chem. Soc, 2009, 13(40): 14261-14263.

[52] Ferey G. Hybrid porous solids:past.present,future[J]. Chem Soe Rev, 2008, 37: 191-214.

[53] Rowsell J L C., Millward A R., Park K S, et al. Hydrogen Sorption in Functional metal-organic frameworks[J]. J. AmChem Soc, 2004,126: 5666-5667.

[54] Britt D, Tranchemontagne D, Yaghi O M. Metal-organic frameworks with high capacity and selectivity for harmful gases[J]. Proc Natl Acad Sci U S A, 2008, 105(33): 11623-11627.

[55] Chae H K, Siberio-Perez D Y, Kim J, et al. A route to high surface area, porosity and inclusion of large molecules in crystals[J]. Nature, 2004, 427: 523-527.

[56] Li H, Eddaoudi M, Keeffe M O, et al. Design and synthesis of an exceptionally stable and highly porous mctal-organic framework[J]. Nature, 1999, 402: 276-279.

[57] Barman S, Furukawa H, Blacque O, ct at. Azulene based metal-organic frameworks for strong adsorption of H[J]. Chem. Commun, 2010, 46(42): 7981-7983.

[58] Bloch E D, Murray L J, Queen W L, et al. Selective Binding of O over N, in a Redox Active Metal-Organic Framework with Open Iron(ll) Coordination Site s[J]. J Am Chem Soc, 2011, 133(37): 14814-14822.

[59] Southon P D, Price D J, Nielsen P K, et al. Reversible and Selective OChemis orption in a Porous Metal-Organic Host Material[J]. J Am Chem Soc, 2011, 133(28): 10885-10891.

[60] Dang D B, Wu P Y, He C, et al. Homochiral Metal-Organic Frameworks for Heterogeneous Asymmetric Catalysis[J]. J Am Chem Soc, 2013, 2(41): 1421-1432.

[61] Zang S Q, Cao L H, Liang R, et al. Divalent Zinc, Cobalt, and Cadmium Coordination Polymers of a New Flexible Trifunctional Ligand:SynthesesCrystal Stru ctures, and Properties[J]. Cryst Growth Des, 2012, 12(4): 1830-1837.

[62] Zhang Y N, Liu P, Wang Y Y, et al. Syntheses and Crystal Structures of a Series of Zn(11)/Cd(11) Coordination Polymers Constructed from a Flexible 6,6'-D ithiodinicotinic Acid[J]. Cryst Growth Des, 2011, 11(5): 1531-1541.

[63] Guo Z Y, Wu H, Srinivas G, et al. A Metal-Organic Framework with Optimized Open Metal Sites and Pore Spaces for High Methane Storage at Room Tempe rature[J]. Angew Chem Int Ed, 2011, 50(14): 3178-3181.

[64] An J, Gcib S J, Rosi N L.Cation-Triggered Drug Release from Porous Zinc-Adeninate Metal-Organic Framework[J]. J Am Chem Soc, 2009, 131(24): 8376-8377.

[65] Keskin S, Kizilel S. Biomedical applications of metal organic frameworks[J]. 1nd Eng Chem Res, 2011, 50(4): 1799-1812.

[66] Horcajada P, Serre C, Vallet-Reg M, et al. Metal-organic frameworks as efficient materials for

drugdelivery[J]. Angew Chem Int Ed, 2006, 45(36), 5974-5978.

[67] Horcajada P, Chalati T, Serre C, et al. metalorganic -framework nanoscalecarriers as a potential platform for drug delivery and ima ging[J]. Nat Mater, 2010, 9(2): 172-178.

[68] Rieter W J, Pott K M, Taylor, et al. Nanoscale coordination polymers for platinum-based anticancer drug delivery[J]. J Am Chem Soc, 2008, 130:11584-11585.

[69] Taylor-Pashow K M L, Della Rocca J, et al. Postsynthetic modifications of iron-carboxylate nanoscale metal-organic frameworks for imagi ng and drug delivery[J]. J Am Chem Soc, 2009, 131:14261-14263.

[70] Rieter W J, Taylor K M L, An H, et al. Nanoscale metal-organic frameworks as potential multimodal contrast enhancing agents[J]. J Am Chem Soc, 2006, 128:9024-9025.

[71] Taylor K M L, Jin A, et al. Surfactant-assisted synthesis of nanoscale gadolinium metal-organic frameworks for potential multimodal imaging[J]. Angew Chem Int Ed, 2008, 47:7722-7725.

[72] Rieter W J, Taylor K M L, An H, et al. Nanoscale Metal-Organic Frameworks as Potential Multimodal Contrast Enhancing Agents[J]. J Am Chem Soc, 2006, 128(28): 9024-9025.

[73] Aim C, Nishiyabu R, Gondo R, et al. Switching On Luminescence in Nucleotide/Lanthanide Coordination Nanoparticles via Synergistic Interactions with a Co factor Ligand [J]. Chemistry-A European Journal, 2010, 16(12): 3604-3607.

[74] Kerbellec N, Catala L, Daiguebonne C, et al. Luminescent coordination nanoparticles[J]. New J Chem, 2008, 32(4): 584-587.

[75] Lee H J, Cho W O H. MFluorescent octahedron and rounded-octahedron coordination polymer particles (CPPs)[J]. Crys1 Eng Comm2010, 12(11): 3959-3963.

[76] Zhang X, Ballem M, Ahren M, et al. Nanoscale Ln(Ill) -Carboxylate Coordination Polymers(L. n=Gd.Eu.Yb): Temperature-Controlled Guest Encapsulation and Light Harvesting[J]. Am Hem Soc, 2010, 132(30): 10391-10397.

[77] Liu D, Huxford R, Lin W. Phosphorescent Nanoscale Coordination Polymers as Contrast Agents for Optical Imaging[J]. Angew Chem Int Ed, 2011, 50(16): 3696-3700.

[78] Taylor-Pashow K M L, Joseph D R, Xie Z, et al. Postsynthetic Modifications of Iron-carboxylate Nanoscale Metal-Organic Frameworks for Imaging and Drug Delivery[J]. J Am Chem Soc, 2009, 131(40): 14261-14263.

[79] Rieter W, Pott K, Taylor K, et al. Nanoscale Coordination Polymers for Platinum-Based Anticancer Drug Delivery[J]. Am Chem Soe, 2008, 130(35): 11584-11585.

[80] 川薇薇，李苏宜. 5-氟尿嘧啶持续读滴定联合小剂量顺铂治疗晚期肿瘤的机理和应用进展 [J]. 临床肿瘤杂志, 2001, 6(33): 93-95.

[81] 刘水辉，李公春，崔娇娇. 5-氟尿嘧啶类抗肿瘤药物的研究进展 [J]. 河北化工, 2008, 31(9): 9-14.

[82] 郑虎. 药物化学 [M]. 北京：人民卫生出版社. 2005.

[83] 扈靖，刘彦钦，韩上. 5-氟尿嘧啶衍生物的合成及其抗癌活性研究进展 [J]. 河北师范大学学报, 2006, 30(5): 580-584.

[84] 梁丽芸，郭俊，谭必恩. 5-氟尿嘧啶明胶微球的制备、表征及释药性能 [J]. 广乐化工,

2009, 36(5): 117-119.

[85] 李和平, 肖华伍, 龙妹, 等. 壳聚糖 -5- 氟尿嘧啶微球的制备 [J]. 长沙理工大学学报, 2006, 3(4): 91-93.

[86] 刘新玲, 李筱荣, 常津, 等. 5-Fu 纳米毫微粒的制备及体外对晶状体上皮细胞增生的抑制作用 [J]. 眼科新进展, 2005, 25(4): 293-295.

[87] 冀强, 李书莲, 张丹. 氟尿嘧啶炭纳米粒制剂在大鼠血液和淋巴中药物浓度比较 [J]. 临床合理用药, 2012, 5(8): 71-73.

[88] 张宁宁, 范玉玲, 季宇彬. 5- 氟尿嘧啶白乳化乳剂的制备 [J]. 齐齐哈尔医学院学报, 2008, 29(15): 851-852.

[89] 李文浩, 何应. 5- 氟尿嘧啶口服微乳的制备及其大鼠肠吸收作用研究 [J]. 中国药房, 2008, 19(7): 501-503.

[90] 陈丽佳, 周永良, 黄田艺, 等. 5-Fu 脂质体凝胶剂的制备和评价 [J]. 海峡药学, 2007, 19(11): 7-8.

[91] 孙春艳. 基于微孔金属—有机框架的多金属氧酸盐杂化材料及其性能研究 [D]. 长春: 东北师范大学, 2009.

[92] 李秀岩. 有机金属框架纳米载药系统的构建 [D]. 哈尔滨: 黑龙江中医药大学, 2018.

[93] Li Y, Li X, Guan Q, et al. Strategy for chemotherapeutic delivery using a nanosized porous metal-organic framework with a central composite design[J]. Int J Nanomedicine, 2017, 12: 1465-1474.

[94] 李秀岩, 李英鹏, 王艳宏, 等. 5-FU 有机金属框架纳米粒的体外细胞摄取及影响因素的研究 [J]. 华西药学杂志, 2017, 32(02): 179-181.

[95] 管庆霞, 于欣, 吕邵娃, 等. 包载丁香苦苷和羟基酪醇的 mPEG-PLGA 纳米粒处方与制备工艺的优化 [J]. 中成药, 2017, 39(12): 2508-2512.

[96] Guan Q, Sun S, Li X, et al. Preparation, in vitro and in vivo evaluation of mPEG-PLGA nanoparticles co-loaded with syringopicroside and hydroxytyrosol[J]. J Mater Sci Mater Med, 2016, 27(2): 24.

[97] 管庆霞, 李云行, 吕邵娃, 等. HepG2.2.15 细胞对同时包载丁香苦苷和羟基酪醇纳米粒的摄取机制研究 [J]. 中国中医药信息杂志, 2018, 25(03): 81-85.

[98] Guan Q, Zhou X, Yang F, et al. A novel strategy against hepatitis B virus: Glycyrrhetnic acid conjugated multi-component synergistic nano-drug delivery system for targeted therapy[J]. J Biomater Appl, 2023, 37(8): 1393-1408.

[99] 秦责语, 周小影, 刘宇萌, 等. GA 介导的马钱子碱自组装纳米粒的工艺优化与表征 [J/OL]. 中药材, 2023(01): 164-171.

[100] 管庆霞, 温美欣, 刘振强, 等. 马钱子碱固体脂质纳米粒在小鼠体内的组织分布 [J]. 中成药, 2017, 39(04): 714-718.

[101] 管庆霞, 王利萍, 刘振强, 等. 马钱子碱固体脂质纳米粒的细胞毒性及细胞摄取试验 [J]. 中国实验方剂学杂志, 2017, 23(05):1-6.